高等教育公共基础课系列教材

大学物理实验

主　编　史少辉　东艳晖
副主编　封顺珍　张彩霞
参　编　韩万强　吴淑花　屈双惠
　　　　吴海滨　刘继宏　牛　萍
　　　　王铁宁　纪登辉　李　梅
　　　　郝　普

U0234480

北京理工大学出版社
BEIJING INSTITUTE OF TECHNOLOGY PRESS

内容简介

本书根据教育部高等学校物理基础课程教学指导分委员会颁布的《理工科大学物理实验教学基本要求》编写而成。

全书共分五章，分别是：实验误差理论及数据处理基础、力学实验、电磁学实验、光学实验、热学实验，各类实验共计 21 个。

本书可作为高等院校非物理专业的本专科学生教材，也可作为实验技术人员和有关教师的参考用书。

图书在版编目（CIP）数据

大学物理实验／史少辉，东艳晖主编. —北京：北京理工大学出版社，2020.1(2021.12重印)

ISBN 978－7－5682－8139－3

Ⅰ. ①大…　Ⅱ. ①史…　②东…　Ⅲ. ①物理学–实验–高等学校–教材　Ⅳ. ①O4-33

中国版本图书馆 CIP 数据核字（2020）第 022633 号

出版发行／北京理工大学出版社有限责任公司

社　　　址／北京市海淀区中关村南大街 5 号

邮　　　编／100081

电　　　话／（010）68914775（总编室）

　　　　　　（010）82562903（教材售后服务热线）

　　　　　　（010）68948351（其他图书服务热线）

网　　　址／http：//www.bitpress.com.cn

经　　　销／全国各地新华书店

印　　　刷／北京国马印刷厂

开　　　本／787 毫米×1092 毫米　1/16

印　　　张／7　　　　　　　　　　　　　　　　　　　　　　责任编辑／高　　芳

字　　　数／164 千字　　　　　　　　　　　　　　　　　　　文案编辑／赵　　轩

版　　　次／2020 年 1 月第 1 版　2021 年 12 月第 2 次印刷　　责任校对／刘亚男

定　　　价／24.80 元　　　　　　　　　　　　　　　　　　　责任印制／李志强

前 言
Preface

物理学是一门实验科学。物理实验是物理学发展的基础，对于理工科学生而言，物理实验是提高科研能力和拓展创新思维不可或缺的教学环节。

本书是根据教育部高等学校物理基础课程教学指导分委员会颁布的《理工科大学物理实验教学基本要求》，结合当前石家庄学院物理学实验教学仪器，实验教学改革的实际情况，以及编者多年的物理实验教学经验，在校内物理实验讲义的基础上编写而成的。本书在编写过程中，吸取了国内外多种优秀教材的优点。

本书共分五章，第一章介绍实验误差理论及数据处理的基本知识，第二、三、四、五章共选编了 21 个大学物理实验，具体包括：9 个力学实验、5 个电磁学实验、4 个光学实验和 3 个热学实验。

实验教学是一项集体合作的教学工作，本书是石家庄学院物理学院许多教师集体智慧的结晶，由史少辉、东艳晖担任主编，封顺珍和张彩霞担任副主编，其他参与本书编写的人员有：韩万强老师、吴淑花老师、屈双惠老师、吴海滨老师、刘继宏老师、牛萍老师、王铁宁老师、纪登辉老师、李梅老师、郝普老师，本书的整理及校对工作由刘迎娣老师、李金花老师、刘彦军老师、朱雪刚老师完成。

由于编者水平有限，加之时间仓促，书中难免有错误与不妥之处，在此恳请广大读者批评指正。

编 者
2019 年 9 月

目 录

Contents

第一章
实验误差理论及数据处理基础

第一节 测量与误差

由物理实验的特征可以看出，实验离不开测量，测量是实验的基本任务。下面讨论测量与误差的基本概念以及误差的分类。

一、测量与误差的基本概念

（1）测量：测量是指借助仪器，通过一定的方法，将待测量与选作计量标准的同类量进行比较，并得出其倍数的过程。倍数值称为待测量的测得值，选作的计量标准称为单位。记录下来的测量结果应该包含测得值的大小和单位，二者缺一不可。

（2）直接测量：直接测量是指待测物理量的大小可从选定好的测量仪器或仪表上直接读出来的测量过程。相应的待测物理量称为直接测量结果。例如，用米尺测长度，用秒表测时间，用电表测电压、电流，用温度计测温度等。

（3）间接测量：间接测量是指待测物理量不能直接测量，而是与若干直接测量存在一定的函数关系（一般为物理概念、定理、定律），依据这种关系才能计算出来的测量过程，相应的待测物理量称为间接测量结果。例如，如果先测量出圆柱体的底面直径 D 和高度 h，再利用 $V = \dfrac{1}{4}\pi D^2 h$ 计算其体积。在这一测量中，对 D 和 h 的测量是直接测量，对 V 的测量则是间接测量。

（4）真值：被测物理量所具有的客观的、真实的数值称为真值，可记为 x_0。严格地讲，真值只是一个理想化定义，通常物理量的真值是未知的，需要测定。但由于测量仪器、测量方法、测量环境及测量者的技术、感官等都不能做到完美无缺，故任何测量都做不到绝对准确。

（5）测得值：通过测量所获得的被测物理量的值称为测得值，可记为 x。一般来说，x 只能接近真值而不会等于真值。

（6）平均值：在相同条件下，某物理量的一组 n 次测得值 x_1，x_2，x_3，…，x_n 之和再除以测量次数 n 所得的值称为平均值，记为 $\bar{x}$。即

$$\bar{x} = \frac{1}{n} \sum_{i=1}^{n} x_i \tag{1-1}$$

对这组测得值来讲，$\bar{x}$ 被认为是最接近真值的值，故其又称为测量的最佳值或近真值。它与真值的关系为 $\lim\limits_{n=\infty} \bar{x} = x_0$。

因此，在处理测量数据时常用物理量的平均值 $\bar{x}$ 代替其真值 x_0。

（7）测量误差：物理量的测得值与其真值之间总有一定的差异，测得值 x_i 与真值 x_0 之差称为测量误差（简称误差），记为 ε_i，即

$$\varepsilon_i = x_i - x_0 \tag{1-2}$$

由于真值是未知的，因此，严格意义上的测量误差也是不能求得的。

（8）偏差（残差）：测得值 x_i 与相同条件下多次测量所得平均值 $\bar{x}$ 的差值称为偏差，记为 v_i。那

$$v_i = x_i - \bar{x} \tag{1-3}$$

由于可用 $\bar{x}$ 近似代替 x_0，故通常也用 v_i 代替 ε_i。因此，一般情况下人们所说的误差就是指偏差。

二、误差的分类

在物理实验中，由于测量对象、测量仪器、实验方法、测量环境、观测者等因素的作用，测得值与真值之间总存在一定的差值，因此误差存在于一切测量之中，而且贯穿测量过程。根据引起误差的主要因素的不同，一般可将误差分为系统误差、随机误差（也称偶然误差）和粗差（也称过失误差）三类。

1. 系统误差

系统误差是测量装置、周围环境，以及测量者本人所组成的整个系统产生的误差。

系统误差在测量过程中对结果的影响体现在：对同一物理量进行多次等精度测量时，测得值总是偏大、偏小或随测量条件改变按某一确定规律变化。

系统误差的特征：具有规律性。

系统误差的来源如下。

（1）仪器的误差。仪器的误差是由仪器本身的缺陷引起的，如直尺刻度不均、天平不等臂、转动轴偏心等。

（2）环境条件的误差。环境条件的误差是实验条件不能达到理论公式所规定的要求引起的，如温度、湿度、气压、电源等条件与实验条件偏离。

（3）实验理论和方法的误差。实验理论和方法的误差是实验理论的不充分、实验方法的不完善、公式的近似性或对影响实验结果的某些因素不了解而引起的。例如：用高灵敏天平称量物质质量时没有考虑空气浮力的影响；用伏安法测电阻时没有考虑导线的电阻；用单摆测重力加速度时使用周期公式的近似等。

（4）个人误差。个人误差是操作者本人的习惯或偏差引起的，如有的人读数总是偏大或偏小，有的人计时总是偏快或偏慢等。

2. 随机误差

在测量中即使消除了产生系统误差的一切可能因素，所测数据仍然会有一定差别。当实验者对同一物理量进行多次等精度测量时，每次测量出现的误差的绝对值大小和符号以不可预测的方式发生变化，没有确定的变化规律，这种误差称为随机误差。

随机误差的特征：单次测量的随机误差是无法预测的、无规律性的。

随机误差的来源：是某些偶然的或不确定的因素引起的，是无法控制和预料的，如温度、气压、电压等的波动，观测者读数不稳定等。

随机误差的规律：对单次测量的随机误差虽然无法确定，但对多次等精度测量来讲，随机误差的分布却是服从一定的统计分布规律的——正态分布（高斯分布）。其正态分布曲线如图1-1所示。

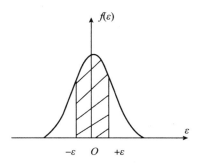

图1-1 随机误差的正态分布曲线

图1-1中：ε 为随机误差；$f(\varepsilon)$ 为误差分布的概率密度函数，它表示在误差为 ε 附近单位误差间隔内出现随机误差为 ε 的测量的几率。

正态分布具有如下特点。

（1）单峰性。随机误差绝对值小的测量比绝对值大的测量出现的几率大。

（2）对称性。随机误差绝对值相等的测量出现的几率相同。从而，在多次测量中用测得值的平均值 $\bar{x}$ 可以消除随机误差，用平均值 $\bar{x}$ 代替真值 x_0 是合适的。

（3）有界性。在一定的测量条件下，随机误差的绝对值是不超过一定限度的，即误差仅出现在一定的范围，超出此范围的误差实际上不出现。

（4）抵偿性。当测量次数非常多时，正误差和负误差相互抵消，于是误差的代数和趋向于零。

3. 粗差

粗差是由于某些原因（如观测时粗心、精神不集中、对仪器的使用不正确等）造成实验数据异常所产生的误差。

带有粗差的数据称为异常值或坏数据，可以通过核对实验理论值、重新测量等方法作出判断，若确认为粗差，则应将其删除。粗差毫无规则可寻，但只要认真做好实验准备，专心进行观测、记录和读数则完全可以避免粗差的出现。

综上所述，由于粗差完全可以避免，因此，实验的不准确性主要是由于系统误差和随机误差的存在而产生的。

第二节　误差的估算

1. 绝对误差

实际的测得值 x 总是与真值有差距。人们把测得值与被测量的真值 x_0 之间的差值叫绝对误差，用 Δx 表示。绝对误差反映了测量结果的精确程度。即

$$\Delta x = x - x_0 \tag{1-4}$$

2. 相对误差

测量的绝对误差与被测量的真值（约定）之比叫相对误差，记为 E_r。即

$$E_r = \frac{\Delta x}{\bar{x}} \times 100\% \tag{1-5}$$

相对误差反映了测量结果的相对精确程度。

3. 测量列的标准偏差

实际的测量是有限次的测量，真值是不可知的，因此，实际上估算标准误差一般采用式（1-6）（称为贝塞尔公式）进行估算，即

$$\sigma_x = \sqrt{\frac{\sum_{i=1}^{n} (x_i - \bar{x})^2}{n-1}} \tag{1-6}$$

式中：σ_x 称为测量列的标准偏差。

需要注意：测得值的标准偏差并不表示测得值的误差的实际大小，因为测得值的偶然误差是随机的，所以测得值的标准偏差只表示任一测得值的误差落在区域 $(-\sigma_x, +\sigma_x)$ 内的概率为 68.3%，这就是标准偏差的统计意义。

4. 算术平均值的标准偏差

算术平均值也是一个随机变量，在完全相同的条件下，进行不同组的有限次重复测量的平均值不尽相同，也具有离散性，存在偏差。因此，引入算术平均值的标准偏差，用 $\sigma_{\bar{x}}$ 表示，即

$$\sigma_{\bar{x}} = \sqrt{\frac{1}{n(n-1)}\sum_{i=1}^{n}(x_i - \bar{x})^2} \tag{1-7}$$

$\sigma_{\bar{x}}$ 也是一个统计性的特征量，其含义为测得值的算术平均值的随机误差落在 $(-\sigma_{\bar{x}}, +\sigma_{\bar{x}})$ 区间的概率为 68.3% 。$\sigma_{\bar{x}}$ 反映了算术平均值接近真值的程度。

由式（1-7）可知，$n > 10$ 以后 $\sigma_{\bar{x}}$ 变化缓慢，因此，利用增加测量次数而减小随机误差的办法，已经没有多少实际意义，另一方面重复测量对减小系统误差并不起作用，所以在实际测量中，综合考虑各种因素，测量次数一般取 5 ~ 10 次。

第三节 测量结果的评定

一、传统的评定方法

定性评定测量结果的传统方法，通常是用精密度、准确度和精确度 3 个概念来说明。

（1）精密度：精密度是指重复测量所得结果相互接近的程度。它反映了随机误差的大小，测量的精密度高，是指测量数据的离散性小，即随机误差小。但是测量数据是否集中于真值附近不明确（系统误差的大小不明确）。

（2）准确度：准确度是指测得值与真值之间符合的程度。它反映了系统误差的大小，测量的准确度高，是指测量数据的算术平均值偏离真值较小，测量结果与真值接近的程度好。

注意：精密度高其准确度不一定高；同样，准确度高，其精密度也不一定高。

（3）精确度：精确度是对测量结果的精密度与准确度的综合评定。它反映了随机误差与系统误差综合大小的程度，测量的精确度高，是指测量数据比较集中在真值附近，即测量的结果既精密又准确，系统误差和随机误差都比较小。

下面以打靶时子弹的着弹点为例来说明精密度、准确度和精确度三者的关系：

在图 1-2（a）中，着弹点比较集中，但均与靶心偏离较远，说明精密度高而准确度低；

在图 1-2（b）中，着弹点比较分散，但平均起来靠近靶心，说明准确度高而精密度低；

在图 1-2（c）中，着弹点都集中在靶心附近，说明精密又准确，精密度和准确度都

高，即精确度高。

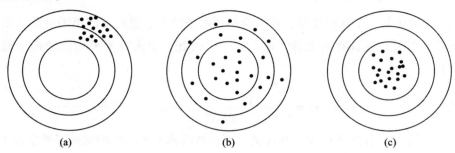

(a)　　　　　　　　　(b)　　　　　　　　　(c)

图1-2　精密度、准确度及精确度的关系示意

二、测量结果不确定度的评定方法

1. 不确定度的定义

早在20世纪70年代初，国际上已有许多学者开始使用测量不确定度一词取代误差来表征测量结果的可信赖程度。1978年，国际计量局（BIPM）提出了《国际计量局实验不确定度的规定建议书INC—1（1980）》。1993年制定的《测量不确定度表示指南ISO 1993（E）》得到了BIPM、国际法制计量组织（OIML）、国际标准化组织（ISO）、国际电工委员会（IEC）、国际纯粹与应用化学联合会（IUPAC）、国际纯粹与应用物理学联合会（IUPAP）、国际临床化学和实验室医学联盟（IFCC）7个国际组织的批准，由ISO出版，是国际组织的重要权威文献。中国也已于1999年颁布了与之兼容的《测量不确定度评定与表示》计量技术规范。至此，测量不确定度评定成为检测和校准实验室必不可少的工作之一。

下面简单介绍与测量不确定度相关的概念。

测量不确定度：对某物理量进行测量，其测得值 Y 与真值 Y_0 之差的绝对值以一定的概率分布在 $-U \sim U$ 之间，表示为 $|Y - Y_0| \leqslant U$，其中，U 值可通过一定方式进行估算，称 U 为测量不确定度（简称为不确定度）。

不确定度是对被测量的真值所处量值范围的评定，用以评定实验测量结果的质量，是对误差的一种评定方式，表示由于误差的存在而导致的被测量真值不能确定的程度。

不确定度的意义：U 表征真值以某种包含概率存在的范围，是对测量结果不确定性的度量。

不确定度的说明如下。

（1）不确定度 U 反映了对被测量真值不能肯定的程度，用以表征测量结果的分散性和可信赖程度。U 小，表明测量结果更接近真值，可信程度高。

（2）不确定度的含义为被测量的真值落在 $[Y_0 - U, Y_0 + U]$ 区间的概率为68.3%，即包含概率为68.3%。如果把区间取为 $[Y_0 - 2U, Y_0 + 2U]$ 和 $[Y_0 - 3U, Y_0 + 3U]$，则其所表示的包含概率分别为95.5%和99.7%。

（3）不确定度与误差是两个不同的概念。

误差：测得值与真值之差称为误差。由于真值是无法知道的，因此，误差是一个理想概念，是不可能准确求得的量，不能用指出误差的方法去说明测量结果的可信赖程度。

不确定度：表示误差可能存在的范围称为不确定度，其大小可由一定方法计算出或估算出。不确定度大，不一定误差的绝对值也大。

不确定度的引入并不意味着误差需放弃使用。实际上，误差仍可用于定性地描述理论和概念的场合；不确定度则用于给出具体数值或进行定量运算、分析的场合。

2. 不确定度的分量

在修正了可定系统误差之后，测量结果的不确定度可分为 A、B 两类分量，常称为 A 类标准不确定度和 B 类标准不确定度。

（1）A 类标准不确定度——用统计方法评定的不确定度分量，常用 u_A 表示。

进行有限次测量时，误差不完全服从正态分布而是服从 t 分布（也叫学生分布），总不确定度的 A 类标准不确定度为

$$u_A = \frac{t_p}{\sqrt{n}} \sigma_x = t_p \sigma_{\bar{x}} \tag{1-8}$$

式中：t_p 的值可从专门的数据表中查得（见表1-1），在 $n > 5$ 和包含概率 $p = 68.3\%$ 的条件下，可取 $u_A = \sigma_{\bar{x}}$。

表 1-1 t_p 因子与测量次数 n、包含概率 p 的关系

包含概率 p	测量次数 n										
	3	4	5	6	7	8	9	10	15	20	∞
0.68	1.32	1.20	1.14	1.11	1.09	1.08	1.07	1.06	1.04	1.03	1
0.90	2.92	2.35	2.13	2.02	1.94	1.86	1.83	1.76	1.73	1.71	1.65
0.95	4.30	3.18	2.78	2.57	2.46	2.37	2.31	2.26	2.15	2.09	1.96
0.99	9.93	5.84	4.60	4.03	3.71	3.50	3.36	3.25	2.98	2.86	2.58

注：如果只进行一次测量，$u_A = 0$。

在 t 分布时，误差并不服从正态分布，$\bar{x} \pm \sigma_{\bar{x}}$ 的包含概率不是 0.683（实验教学中一般包含概率取 95%），故在基础物理实验中，采用简化处理的方法，即当测量次数满足 $5 \leqslant n \leqslant 10$ 时取 A 类标准不确定度 u_A 的大小等于测量列的标准偏差 σ_x。

如：在 $t = 6$ 时，

$$\frac{t_p}{\sqrt{n}} = \frac{2.57}{\sqrt{6}} = 1.05 \approx 1$$

$$u_A = \frac{t_p}{\sqrt{n}} \sigma_x = \sigma_x = \sqrt{\frac{\sum_{i=1}^{n} (x_i - \bar{x})^2}{n-1}} \tag{1-9}$$

因此，实验次数一般取 6 次，实验中通常用式（1-9）计算 u_A。

（2）B 类标准不确定度——用其他方法评定的不确定度分量，又称非统计不确定度，常用 u_B 表示。

在普通实验里，B 类标准不确定度一般简化为由仪器引起，即 $u_B = \dfrac{\Delta_{仪}}{k_B}$，其中，$\Delta_{仪}$ 为仪器的最大允许误差（也称最大允差，仪器误差限），由生产厂家或由实验室结合具体测量方法和条件给出。对量具仪表可取其最小刻度的一半。若令最小刻度为 L_z 即

$$\Delta_{仪} = \frac{L_z}{2} \tag{1-10}$$

k_B 为包含因子，在基础物理实验中，通常作简化处理（包含概率为 95% 时），取 $k_B = 1$，所以，$u_B = \Delta_{仪}$。

若实验室给出所用仪器误差在其分散区间内均匀分布，则 $k_B = \sqrt{3}$。

常见的测量仪器的最大允差 $\Delta_{仪}$ 为：

①长度测量工具、水银、酒精温度计取其分度值（最小刻度）的一半为仪器误差限；

②天平、机械秒表取其分度值为仪器误差限；

③指针式电压表、电流表 $\Delta_{仪} = \alpha\% \times A_m$，电阻箱近似取为 $\Delta_{仪} = \alpha\% \times R$，其中，$\alpha$ 是表的准确度等级，可从仪器面板或铭牌上找到，A_m 是电压表或电流表测量时所用量程，R 为电阻箱测量时所用量程。

例如，0.2 级电压表，若量程为 10 V，则 $\Delta_{仪} = 0.2\% \times 10 \text{ V} = 0.02 \text{ V}$；若量程为 100 V，则 $\Delta_{仪} = 0.2\% \times 100 \text{ V} = 0.2 \text{ V}$

可见量程不同，$\Delta_{仪}$ 不同。为减小误差影响，选用量程时，应尽量使指针偏转为满偏值的 2/3 以上。

（3）合成标准不确定度 u_c（总不确定度）。合成标准不确定度的合成方法：不同类分量按"方和根"合成；同类独立分量按"方和"合成。即

$$u = \sqrt{u_A^2 + u_B^2} \tag{1-11}$$

一般地说，u_A 和 u_B 本身可能包含着若干个独立分量。这时，要计算合成标准不确定度，首先要求出所有的 A 类和 B 类标准不确定度，然后再求合成标准不确定变 u。

例：设测量结果的 A 类标准不确定度和 B 标准不确定度的表征值分别为 u_{A1}，u_{A2}，u_{A3}，$\cdots$ 和 u_{B1}，u_{B2}，u_{B3}，$\cdots$。且彼此独立，则有 $u_A^2 = \sum u_{Ai}^2$，$u_B^2 = \sum u_{Bj}^2$。

合成标准不确定变为

$$u = \sqrt{\sum u_{Ai}^2 + \sum u_{Bj}^2}$$

即

$$u = \sqrt{u_A^2 + u_B^2}$$

评价测量结果，有时也要写出相对标准不确定度，即

$$E = \frac{u}{x} \times 100\% \tag{1-12}$$

一般情况下，计算不确定度时，不确定度的数值只保留 1 位有效数字，当不确定度的第一位有效数字比较小时常取两位，但最多不超过两位。

3. 测量结果的评价

完整的测量结果应表示为

$$x = x_0 \pm u \tag{1-13}$$

由于 x_0 一般用平均值代替，故完整测量结果一般可写为

$$x = \bar{x} \pm u \tag{1-14}$$

式（1-13）表示被测量的真值落在 $(x_0 - u, x_0 + u)$ 范围内的概率很大，u 的取值与包含概率有一定联系。

三、直接测量结果的不确定度计算步骤及结果表示

（1）对测量数据中的可定系统误差加以修正；即修正已知的系统误差，得到测得值 $x_0 = \bar{x} - x_L$（修正值，如螺旋测微器必须进行零点修正）。

（2）计算测量列的算术平均值 $\bar{x} = \frac{1}{n} \sum\limits_{i=1}^{n} |x_i|$，作为测量结果的最佳值。

（3）用 $\sigma_x = \sqrt{\frac{1}{(n-1)} \sum\limits_{i=1}^{n} (x_i - \bar{x})^2}$ 作为 A 类标准不确定度 u_A。

（4）估算 B 类标准不确定度，$u_B \approx \Delta_仪$。

（5）求合成标准不确定度 $u = \sqrt{u_A^2 + u_B^2}$。

（6）写出最终结果表示式，则有：

①待测量 $x = \bar{x} \pm u$ [若有修正值 x_L 则为 $x = (\bar{x} - x_L) \pm u$]；

②相对标准不确定度为 $E = \frac{u}{\bar{x}} \times 100\%$。

例：用毫米刻度的米尺，测量物体长度 l（cm），测量 10 次，其测得值分别为 53.27、53.25、53.23、53.29、53.24、53.28、53.26、53.20、53.24、53.21。试计算合成标准不确定度，并写出测量结果。

解：计算步骤如下。

（1）计算 l 的近似真值 $\bar{l}$，即

$$\bar{l} = \frac{1}{n} \sum\limits_{1}^{10} l_i = \frac{1}{10} \times (53.27 + 53.25 + 53.23 + \cdots + 53.21) = 53.25 \text{（cm）}$$

（2）计算 A 类标准不确定度，即

$$u_{Al} = \sqrt{\frac{1}{(n-1)} \sum_{i=1}^{n} (l_i - \bar{l})^2} =$$

$$\sqrt{\frac{(53.27 - 53.24)^2 + (53.25 - 53.24)^2 + \cdots + (53.21 - 53.24)^2}{10 - 1}} = 0.03(\text{cm})$$

（3）计算 B 类标准不确定度，即

$$u_B = \Delta_{仪} = L_z/2 = 0.05(\text{cm})$$

（4）合成标准不确定度为

$$u = \sqrt{u_{Al}^2 + u_{Bl}^2} = \sqrt{0.03^2 + 0.05^2} \approx 0.06(\text{cm})$$

（5）测量结果的标准式为

$$l = \bar{l} \pm u = (53.25 \pm 0.06)(\text{cm})$$

相对标准不确定度为

$$E = \frac{u}{\bar{l}} \times 100\% = \frac{0.06}{53.25} \times 100\% = 0.11\%$$

四、间接测量结果的表示

1. 间接测量结果的平均值

设间接测量结果 f 与彼此独立的直接测量结果 x、y、z 间的函数关系为 $f = f(x, y, z)$，直接测量结果用平均值和不确定度表示为

$$x = \bar{x} \pm u_c(x), \qquad y = \bar{y} \pm u_c(y), \qquad z = \bar{z} \pm u_c(z)$$

则间接测量结果的平均值为

$$\bar{f} = f(\bar{x}, \bar{y}, \bar{z}) \tag{1-15}$$

2. 间接测量结果的不确定度

设各直接测量结果之间彼此独立，其各自的合成标准不确定度为 $u_c(x)$、$u_c(y)$、$u_c(z)$，由误差理论可证明

$$u = \sqrt{\left(\overline{\frac{\partial f}{\partial x}}\right)^2 u_c^2(x) + \left(\overline{\frac{\partial f}{\partial y}}\right)^2 u_c^2(y) + \left(\overline{\frac{\partial f}{\partial z}}\right)^2 u_c^2(z)} \tag{1-16}$$

相对形式为

$$E = \frac{u_c}{\bar{f}} = \sqrt{\left(\overline{\frac{\partial \ln f}{\partial x}}\right)^2 u_c^2(x) + \left(\overline{\frac{\partial \ln f}{\partial y}}\right)^2 u_c^2(y) + \left(\overline{\frac{\partial \ln f}{\partial z}}\right)^2 u_c^2(z)} \tag{1-17}$$

式中：$\overline{\dfrac{\partial f}{\partial x}}$、$\overline{\dfrac{\partial \ln f}{\partial x}}$ 分别为 $\dfrac{\partial f}{\partial x}$、$\dfrac{\partial \ln f}{\partial x}$ 在 $(\bar{x}, \bar{y}, \bar{z})$ 点处的值。

3. 间接测量结果的表示

待测量为

$$f = \bar{f} \pm u_c$$

相对标准不确定度为

$$E = \frac{u_c}{\bar{f}} \times 100\%$$

4. 间接测量结果的计算程序步骤

间接测量结果的计算程序步骤如下：

（1）计算各直接测量结果的平均值 $\bar{x}$、$\bar{y}$、$\bar{z}$；

（2）计算各直接测量结果的合成标准不确定变 $u_c(x)$、$u_c(y)$、$u_c(z)$；

（3）将各直接测量结果的平均值代入式 $\bar{f} = f(\bar{x}, \bar{y}, \bar{z})$ 中，计算出间接测量结果的平均值 $\bar{f}$；

（4）计算间接测量结果的合成标准不确定变的相对形式，即

$$E = \frac{u_c}{f} = \sqrt{\left(\overline{\frac{\partial \ln f}{\partial x}}\right)^2 u_c^2(x) + \left(\overline{\frac{\partial \ln f}{\partial y}}\right)^2 u_c^2(y) + \left(\overline{\frac{\partial \ln f}{\partial z}}\right)^2 u_c^2(z)}$$

（5）计算合成标准不确定度 $u_c = E\bar{f}$；

（6）写出间接测量最终结果表示式及相对标准不确定度。

例：用单摆测量重力加速度的实验公式为 $g = \dfrac{4\pi^2 l}{T^2}$，并测得 $l = (69.0 \pm 0.22)\,\mathrm{cm}$，$T = (1.688 \pm 0.0072)\,\mathrm{s}$，求测量结果的表示。

解：（1）各直接测量结果的平均值为

$$\bar{l} = 69.0\,\mathrm{cm},\quad \bar{T} = 1.688\,\mathrm{s}$$

（2）各直接测量结果的合成标准不确定变为

$$u_c(l) = 0.22\,\mathrm{cm},\quad u_c(T) = 0.0072\,\mathrm{s}$$

（3）将各直接测量结果的平均值代入式 $\bar{f} = f(\bar{x}, \bar{y}, \bar{z})$ 中，计算出间接测量结果的平均值 $\bar{g}$ 为

$$\bar{g} = \frac{4\pi^2 \bar{l}}{\bar{T}^2} = \frac{4 \times 3.14^2 \times 69.0}{1.688^2} = 9.550\,(\mathrm{m/s^2})$$

（4）计算间接测量结果的合成标准不确定变的相对形式。对 g 取自然对数得 $\ln g = \ln 4\pi^2 + \ln l - \ln T^2$，求偏导 $\dfrac{\partial \ln g}{\partial l} = \dfrac{1}{l}$；$\dfrac{\partial \ln g}{\partial T} = -\dfrac{2}{T}$，则相对形式为

$$E = \frac{u}{g} = \sqrt{\left(\overline{\frac{\partial \ln g}{\partial l}}\right)^2 u_c^2(l) + \left(\overline{\frac{\partial \ln g}{\partial T}}\right)^2 u_c^2(T)} = \sqrt{\left(\frac{1}{\bar{l}}\right)^2 u_c^2(l) + \left(-\frac{2}{\bar{T}}\right)^2 u_c^2(T)} =$$

$$\sqrt{\left(\frac{1}{69.0}\right)^2 \times 0.22^2 + \left(\frac{2}{1.688}\right)^2 \times 0.0072^2} = 0.0091$$

（5）合式标准不确定度

$$u = E\overline{g} = 0.09 \text{ m/s}^2$$

（6）测量结果为

$$g = \overline{g} \pm u_c = (9.55 \pm 0.09)(\text{m/s}^2)$$

例：游标卡尺测量金属管体积数据处理。测量结果如表 1-2 所示。

表 1-2　游标卡尺测量金属管的测量结果

被测参数	测量次数						平均值
	1	2	3	4	5	6	
h/mm	39.86	39.80	39.70	39.84	39.82	39.88	39.82
d_1/mm	21.18	21.14	21.16	21.16	21.20	21.12	21.16
d_2/mm	24.94	24.96	24.98	24.96	24.94	24.90	24.95

（1）计算各直接测量结果 h、d_1、d_2 的平均值，结果如表 1-2 中所示。

（2）计算各直接测量结果的合成标准不确定度，即

$$u_A(h) = \sqrt{\frac{\sum(h_i - \overline{h})^2}{n-1}} = \sqrt{\frac{\sum|\Delta h|_i^2}{6-1}} = 0.06 \text{ mm}$$

$$u_A(d_1) = \sqrt{\frac{\sum(d_{1i} - \overline{d_1})^2}{n-1}} = \sqrt{\frac{\sum|\Delta d_1|_i^2}{6-1}} = 0.03 \text{ mm}$$

$$u_A(d_2) = \sqrt{\frac{\sum(d_{2i} - \overline{d_1})^2}{n-1}} = \sqrt{\frac{\sum|\Delta d_2|_i^2}{6-1}} = 0.02 \text{ mm}$$

$$u_B = \frac{0.02}{2} = 0.01 \text{ mm}$$

$$u_c(h) = \sqrt{u_A^2(h) + u_B^2} = 0.07 \text{ mm}$$

$$u_c(d_1) = \sqrt{u_A^2(d_1) + u_B^2} = 0.03 \text{ mm}$$

$$u_c(d_2) = \sqrt{u_A^2(d_2) + u_B^2} = 0.02 \text{ mm}$$

$$h = \overline{h} \pm u_c(h) = (39.82 \pm 0.07) \text{ mm}$$

$$d_1 = (21.16 \pm 0.03) \text{ mm}$$

$$d_2 = (24.95 \pm 0.02) \text{ mm}$$

（3）将各直接测量结果的平均值代入式 $\overline{f} = f(\overline{x}, \overline{y}, \overline{z})$ 中，计算出间接测量结果的平均值 $\overline{f}$。圆柱体的体积公式为 $V = \frac{\pi}{4}h(d_2^2 - d_1^2)$，则有

$$\overline{V} = \frac{\pi}{4}\overline{h}(\overline{d_2}^2 - \overline{d_1}^2) = 5\,460.42 \text{ mm}^3$$

（4）计算间接测量结果的合成标准不确定变。3 个间接测量结果的偏导数为

$$\frac{\partial V}{\partial h} = \frac{\pi}{4}(d_2{}^2 - d_1{}^2) \ , \ \frac{\partial V}{\partial d_1} = -\frac{\pi}{2}hd_1 \ , \ \frac{\partial V}{\partial d_2} = \frac{\pi}{2}hd_2$$

圆柱体积的合成标准不确定度为

$$u_c = \sqrt{\left(\overline{\frac{\partial V}{\partial h}}\right)^2 u_c^2(h) + \left(\overline{\frac{\partial V}{\partial d_1}}\right)^2 u_c^2(d_1) + \left(\overline{\frac{\partial V}{\partial d_2}}\right)^2 u_c^2(d_2)} =$$

$$\sqrt{\left[\frac{\pi}{4}(\overline{d_2}{}^2 - \overline{d_1}{}^2)\right]^2 u_c^2(h) + \left(\frac{\pi}{2}\overline{hd_1}\right)^2 u_c^2 d_1 + \left(\frac{\pi}{2}\overline{hd_2}\right)^2 u_c^2(d_2)} = 0.04 \ \text{mm}^3$$

圆柱体的体积为 $V = \frac{\pi}{4}\overline{h}(\overline{d_2}{}^2 - \overline{d_1}{}^2) \pm u_c = (5\,460.42 \pm 0.04) \ \text{mm}^3$。

第四节　有效数字及其运算

一、有效数字的意义

1. 仪器的读数规则

在实验中，使用仪器读取被测量的数值时，所读取的数字的准确程度直接受仪器本身的精密度——最小刻度的限制。为了获得较好的测量结果，在读取数字时，人们通常的做法是：首先读出能够从仪器上直接读出的准确数字，然后再对余下部分进行估计读数。即将读数过程分为直读和估读。例如，如图 1-3 所示，用米尺测量一物体的长度时，物体的长度在 7.4 ~ 7.5 cm 之间。那么首先直读，可以直接读出的部分——准确数字应为 7.4 cm；然后估读，估计余下部分约为 0.5 mm，即 0.05 cm；物体的长度即为 7.45 cm。其中，7.4 cm 部分为可靠数字，0.05 cm 部分为存疑数字。

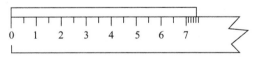

图 1-3　用米尺测量物体长度

2. 有效数字的定义

人们把通过直读获得的准确数字叫作可靠数字；把通过估读得到的那部分数字叫作存疑数字。把测量结果中能够反映被测量大小的带有一位存疑数字的全部数字叫有效数字。如上文的举例中测得物体的长度为 7.45 cm。数据记录时，记录的数据和实验结果中的数据便是有效数字。

3. 说明

（1）实验中的数字与数学上的数字是不一样的。如，数学的 8.35 = 8.350 = 8.350 0，而实验的 8.35 ≠ 8.350 ≠ 8.350 0。

（2）有效数字的位数与被测量的大小和仪器的精密度有关。如前例中测得物体的长度为 7.45 cm，若用螺旋测微器来测，其有效数字的位数有 5 位。

（3）第一个非零数字前的零不是有效数字。

（4）第一个非零数字开始的所有数字（包括零）都是有效数字。

（5）单位的变换不能改变有效数字的位数。因此，实验中要求尽量使用科学计数法表示数据。如 100.2 m 可记为 0.100 2 km。但若用 cm 和 mm 作单位时，数学上可记为 10 020 cm 和 100 200 mm，但却改变了有效数字的位数。采用科学计数法就不会产生这个问题了。采用科学计数法时可得：

$$1.002 \times 10^2 \text{ m} = 1.002 \times 10^{-1} \text{ km} = 1.002 \times 10^4 \text{ cm} = 1.002 \times 10^5 \text{ mm}$$

（6）有效数字与不确定度的关系。

有效数字的末位是估读数字，存在不确定性。一般情况下不确定度的有效数字只取一位，其数位即是测量结果的存疑数字的位置；有时不确定度需要取两位数字，其最后一个数位才与测量结果的存疑数字的位置对应。

由于有效数字的最后一位是不确定度所在的位置，因此有效数字在一定程度上反映了测得值的不确定度（或误差限值）。测得值的有效数字位数越多，测量的相对标准不确定度越小；有效数字位数越少，相对标准不确定度就越大。可见，有效数字可以粗略反映测量结果的不确定度。

二、有效数字的运算规则

一般来讲，有效数字的运算过程中，有很多规则。为了应用方便，本着实用的原则，加以选择后，将其归纳整理为如下两类。

1. 一般规则

（1）可靠数字之间运算的结果为可靠数字。

（2）可靠数字与存疑数字，存疑数字与存疑数字之间运算的结果为存疑数字。

（3）测量数据一般只保留一位存疑数字。

（4）运算结果的有效数字位数不由数学或物理常数来确定，数学与物理常数的有效数字位数可任意选取，一般选取的位数应比测量数据中位数最少者多取一位。例如：可取 $\pi = 3.14$，或 $\pi = 3.142$，或 $\pi = 3.141\ 6$，等等；在公式 $E_k = \dfrac{1}{2}mv^2$ 中计算结果不能由于 "2" 的存在而只取一位存疑数字，而要根据 m 和 v 来决定。

（5）运算结果将多余的存疑数字舍去时应按照 "四舍六入五凑偶" 的法则进行处理。即小于等于四则舍；大于等于六则入；等于五时，根据其前一位按奇入偶舍原则处理（等几率原则）。例如：

7.873　　　取三位有效数字为　　7.87

0.078	取一位有效数字为	0.08
13.405	取四位有效数字为	13.40
4.235	取三位有效数字为	4.24

2. 具体规则

（1）有效数字相加（减）时，其和（差）所得结果在小数点后所应保留的位数与诸数中小数点后位数最少的一个相同。例如：

$$
\begin{array}{r}
4.178 \\
+21.3 \\
\hline
25.478 = 25.5
\end{array}
\qquad
\begin{array}{r}
26.65 \\
-3.905 \\
\hline
22.745 = 22.74
\end{array}
$$

（2）乘（除）运算后其积（商）所保留的有效数字的位数与参与运算的数字中有效数字位数最少的一个相同。例如：

$$4.178 \times 10.1 = 42.197\,8 = 42.2$$

由此规则可推知：乘方、开方后的有效数字位数与被乘方和被开方之数的有效数字的位数相同。

（3）对数函数：运算后的有效数字的位数与真数的有效数字的位数相同。例如：

$$\lg 1.938 = 0.297\,3，\quad \lg 193\,8 = 3 + \lg 1.938 = 3.297\,3$$

（4）指数函数：运算后的有效数字的位数与指数的小数点后的位数相同（包括紧接小数点后的零）。例如：

$$10^{6.25} = 1.8 \times 10^6，\quad 100^{0.003\,5} = 1.008$$

（5）三角函数运算结果的有效数字位数由角度的有效数字位数决定。例如：

$$\sin 35.58° = 0.581\,839\,11 = 0.581\,8$$

$$\sin 30°00' = 0.500\,0$$

$$\cos 20°16' = 0.938\,1$$

（6）有效数字位数要与不确定度位数综合考虑。一般情况下，表示最后结果的不确定度（或者误差）的有效数字只保留一位，最多不超过两位（当第一位数字小于 3 时，保留两位），而最终结果有效数字的最后一位，在位数上应与不确定度（或误差）的最后一位对齐，即由不确定度（或误差）决定有效数字。另外，如果实验测量中读取的数字没有存疑数字，不确定度通常需要保留两位。

第五节　数据处理的基本方法

常用的数据处理方法有：列表法、图示法、图解法、逐差法和最小二乘线性拟合法（最小二乘法）等，下面分别予以简单讨论。

一、列表法

列表法是将实验所获得的数据用表格的形式进行排列的数据处理方法。列表法的作用有两种：一是记录实验数据，二是能显示出物理量间的对应关系。一般来讲，在用列表法处理数据时，应遵从如下原则：

（1）栏目条理清楚，简单明了，便于显示有关物理量的关系；

（2）在栏目中，应给出有关物理量的符号，并标明单位（一般不重复写在每个数据的后面）；

（3）填入表中的数字应是有效数字；

（4）必要时需要加以注释说明。

例如，用螺旋测微器测量钢球直径的实验数据列表处理如表 1-3 所示，其中，$\Delta_{仪} = \pm 0.004$ mm。

表 1-3　螺旋测微器测量钢球直径的实验数据

次数	初读数/mm	末读数/mm	直 径/mm	$(D_i - \overline{D})$ /mm
1	0.004	6.002	5.998	+0.001 3
2	0.003	6.000	5.997	+0.000 3
3	0.004	6.000	5.996	−0.000 7
4	0.004	6.001	5.997	+0.000 3
5	0.005	6.001	5.996	−0.000 7
6	0.004	6.000	5.996	−0.000 7
7	0.004	6.001	5.997	+0.000 3
8	0.003	6.002	5.999	+0.002 3
9	0.005	6.000	5.995	−0.001 7
10	0.004	6.000	5.996	−0.000 7

从表 1-3 中，可计算出平均值 $\overline{D} = \dfrac{\sum D_i}{n} = 5.996\ 7$ mm，可取 $\overline{D} \approx 5.997$ mm。

A 类标准不确定度（运算中 $\overline{D}$ 保留两位存疑数字）为

$$u_A = \sqrt{\frac{\sum (D_i - \overline{D})^2}{n - 1}} \approx 0.001\ 1 \text{ mm}$$

B 类标准不确定度（按均匀分布）为 $u_B = \dfrac{\Delta}{\sqrt{3}} \approx 0.002\ 3$ mm

则合成标准不确定度 u_c 为

$$u_c = \sqrt{u_A^2 + u_B^2} \approx 0.002\ 5 \text{ mm}$$

取 $u = 0.002$ mm，测量结果为 $D = (5.997 \pm 0.002)$ mm。

二、图示法

图示法就是用图像来表示物理规律的一种实验数据处理方法，可形象、直观地显示出物理量之间的函数关系，也可用来求某些物理参数，因此它是一种重要的数据处理方法。作图时要先整理出数据表格，并要用坐标纸作图。

要想制作完整而正确的图线，必须遵循如下原则及步骤。

1. 选择合适的坐标纸

作图一定要用坐标纸，常用的坐标纸有直角坐标纸。

2. 确定坐标的分度和标记

在使用图示法时，一般用横轴表示自变量，纵轴表示因变量，并标明各坐标轴所代表的物理量及其单位（可用相应的符号表示）。坐标轴的分度要根据实验数据的有效数字及对结果的要求来确定。在坐标轴上应每隔一定间距均匀地标出分度值，要恰当选取坐标轴比例和分度值，使图线充分占有图纸空间，不要缩在一边或一角。除特殊需要外，分度值起点可以不从零开始，横、纵坐标可采用不同比例。

3. 描点

根据测量获得的数据，用一定的符号在坐标纸上描出坐标点。一张图纸上画几条实验曲线时，每条曲线应用不同的标记，以免混淆。常用的标记符号有"⊙""十""△""□"等。

4. 连线

要绘制一条与标出的实验点基本相符的图线，图线应尽可能多地通过实验点，由于测量误差，某些实验点可能不在图线上，因此需尽量使其均匀地分布在图线的两侧。图线应是直线、光滑的曲线或折线。由于图线是根据多个数据点描绘出的光滑曲线，故这也相当于多次测量取平均的作用。

5. 注解和说明

应在图纸上标出图的名称、有关符号的意义和特定实验条件。

三、图解法

图解法是在图示法的基础上，利用已经作好的图线，定量地求出被测量、某些参数或经验公式的方法。

由于直线不仅绘制方便，而且所确定的函数关系也简单；因此，对非线性关系的情况，应在初步分析、把握其关系特征的基础上，通过变量变换的方法将原来的非线性关系化为新变量的线性关系，即将"曲线化直"；然后再使用图解法。下面仅就直线情况简单介绍一下图解法的一般步骤。

1. 选点

通常在图线上选取两个点，所选点一般不用实验点，并用与实验点不同的符号标记，此两点应尽量在直线的两端。如记为 $A(x_1, y_1)$ 和 $B(x_2, y_2)$，并用"+"表示实验点，用"⊙"表示选点。

2. 求斜率

根据直线方程 $y = kx + b$，将两点坐标代入，可解出图线的斜率为

$$k = \frac{y_2 - y_1}{x_2 - x_1}$$

3. 求与 y 轴的截距

由直线方程可解出直线与 y 轴的截距为

$$b = \frac{x_2 y_1 - x_1 y_2}{x_2 - x_1}$$

4. 求与 x 轴的截距

直线与 x 轴的截距记为

$$X_0 = \frac{x_2 y_1 - x_1 y_2}{y_2 - y_1}$$

例如，用图示法和图解法处理热敏电阻的电阻 R_T 随温度 T 变化的测量结果。

（1）曲线化直。根据理论，热敏电阻的电阻-温度关系为 $R_T = a e^{\frac{b}{T}}$。为了方便地使用图解法，应将其转化为线性关系，则取对数有

$$\ln R_T = \ln a + \frac{b}{T}。$$

令 $y = \ln R_T$，$a' = \ln a$，$x = \frac{1}{T}$，有 $y = a' + bx$。这样，便将电阻 R_T 与温度 T 的非线性关系化为了 y 与 x 的线性关系。

（2）转化实验数据。将电阻 R_T 取对数，将温度 T 取倒数，然后用直角坐标纸作图，将所描数据点用直线连接起来。

（3）使用图解法求解。先求出 a' 和 b，再求 a，最后得出 $R_T - T$ 函数关系。

四、逐差法

由于随机误差具有抵偿性，对于多次测量的结果，常用平均值来估计最佳值，以消除随机误差的影响。但是，当自变量与因变量成线性关系时，对于自变量等间距变化的多次测量，如果用求差平均的方法计算因变量的平均增量，就会使中间测量数据两两抵消，失去利用多次测量求平均的意义。例如，在拉伸法测弹性模量的实验中，当荷重均匀增加

时，标尺位置读数依次为 x_0、x_1、x_2、x_3、x_4、x_5、x_6、x_7、x_8、x_9，如果求相邻位置改变的平均值，则有

$$\overline{\Delta x} = \frac{1}{9}\left[(x_9 - x_8) + (x_8 - x_7) + (x_7 - x_6) + (x_6 - x_5) + \cdots + (x_1 - x_0)\right] = \frac{1}{9}(x_9 - x_0)$$

即中间的测量数据对 $\overline{\Delta x}$ 的计算值不起作用。为了避免这种情况下中间数据的损失，可以用逐差法处理数据。

逐差法是物理实验中常用的一种数据处理方法，特别是当自变量与因变量成线性关系，而且自变量为等间距变化时，更有其独特的特点。

逐差法是将测量得到的数据按自变量的大小顺序排列后平分为前后两组，先求出两组中对应项的差值（即求逐差），然后取其平均值。

例如，对上述弹性模量实验中的 10 个数据的逐差法处理方法如下。

（1）将数据分为两组，例如：

　　　　　　　　Ⅰ组：x_0，x_1，x_2，x_3，x_4　　Ⅱ组：x_5，x_6，x_7，x_8，x_9

（2）求逐差：$x_5 - x_0$，$x_6 - x_1$，$x_7 - x_2$，$x_8 - x_3$，$x_9 - x_4$。

（3）求差平均：$\overline{\Delta x'} = \frac{1}{5}\left[(x_5 - x_0) + \cdots + (x_9 - x_4)\right]$。

在实际处理时可用列表的形式，这样较为直观，如表 1-4 所示。

表 1-4　逐差法处理数据表格

Ⅰ组	Ⅱ组	逐差（$x_{i+5} - x_i$）
x_0	x_5	$x_5 - x_0$
x_1	x_6	$x_6 - x_1$
x_2	x_7	$x_7 - x_2$
x_3	x_8	$x_8 - x_3$
x_4	x_9	$x_9 - x_4$

值得注意：使用逐差法时，$\overline{\Delta x'}$ 相当于一般平均法中 $\overline{\Delta x}$ 的 $\frac{n}{2}$（n 为 x_i 的数据个数）倍。

五、最小二乘法

通过实验获得测量数据后，可确定假定函数关系中的各项系数，这一过程就是求取有关物理量之间关系的经验公式。从几何上看，就是要选择一条曲线，使之与所获得的实验数据更好地吻合。因此，求取经验公式的过程就是曲线拟合的过程。

那么，怎样才能正确地获得与实验数据配合的最佳曲线呢？常用的方法有两类：一是图估计法，二是最小二乘法。

图估计法是凭眼力估测直线的位置，使直线两侧的数据均匀分布，其优点是简单、直

观、作图快；缺点是图线不唯一，准确性较差，有一定的主观随意性。图解法、逐差法和平均法都属于这一类方法，是曲线拟合的粗略方法。

最小二乘法是以严格的统计理论为基础，是一种科学而可靠的曲线拟合方法。此外，还是方差分析、变量筛选、数字滤波、回归分析的数学基础。在此仅简单介绍其原理和对一元线性拟合的应用。

1. 最小二乘法的基本原理

设在实验中获得了自变量 x_i 与因变量 y_i 的若干组对应数据 (x_i, y_i)，在使偏差平方和 $\sum [y_i - f(x_i)]^2$ 取最小值时，找出一个已知类型的函数 $y = f(x)$，即确定关系式中的参数。这种求解 $f(x)$ 的方法称为最小二乘法。

根据最小二乘法的基本原理，设某量的最佳估计值为 x_0，则

$$\frac{\mathrm{d}}{\mathrm{d}x_0} \sum_{i=1}^{n} (x_i - x_0)^2 = 0$$

可求出

$$x_0 = \frac{1}{n} \sum_{i=1}^{n} x_i$$

即

$$x_0 = \bar{x}$$

而且可证明

$$\frac{\mathrm{d}^2}{\mathrm{d}x_0^2} \sum_{i=1}^{n} (x_i - x_0)^2 = \sum_{i=1}^{n} (2) = 2n > 0$$

上式说明 $\sum_{i=1}^{n} (x_i - x_0)^2$ 可以取得最小值。

可见，当 $x_0 = \bar{x}$ 时，各次测量偏差的平方和最小，即平均值就是在相同条件下多次测量结果的最佳值。

根据统计理论，要得到上述结论，测量的误差分布应遵从正态分布（高斯分布）。这也是最小二乘法的统计基础。

2. 一元线性拟合

设一元线性关系为 $y = a + bx$，实验获得的 n 对数据为 (x_i, y_i)，其中，$i = 1, 2, \cdots, n$。由于误差的存在，当把测量数据代入所设函数关系式时，等式两端一般并不严格相等，而是存在一定的偏差。为了讨论方便起见，设自变量 x 的误差远小于因变量 y 的误差，则这种偏差就归结为因变量 y 的偏差，即 $v_i = y_i - (a + bx_i)$。

根据最小二乘法，获得相应的最佳拟合直线的条件为

$$\begin{cases} \dfrac{\partial}{\partial a} \sum_{i=1}^{n} v_i^2 = -2 \sum_{i=1}^{n} (y_i - a - bx_i) = 0 \\[3mm] \dfrac{\partial}{\partial b} \sum_{i=1}^{n} v_i^2 = -2 \sum_{i=1}^{n} (y_i - a - bx_i) x_i = 0 \end{cases}$$

若记

$$I_{xx} = \sum_{i=1}^{n} (x_i - \bar{x})^2 = \sum_{i=1}^{n} x_i^2 - \frac{1}{n} \left(\sum_{i=1}^{n} x_i \right)^2$$

$$I_{yy} = \sum_{i=1}^{n} (y_i - \bar{y})^2 = \sum_{i=1}^{n} y_i^2 - \frac{1}{n} \left(\sum_{i=1}^{n} y_i \right)^2$$

$$I_{xy} = \sum_{i=1}^{n} (x_i - \bar{x})(y_i - \bar{y}) = \sum_{i=1}^{n} (x_i y_i) - \frac{1}{n^2} \sum_{i=1}^{n} x_i \times \sum_{i=1}^{n} y_i$$

将上面三式代入方程组可以解出

$$a = \bar{y} - b\bar{x}, \quad b = \frac{I_{xy}}{I_{xx}}$$

由误差理论可以证明，最小二乘一元线性拟合的标准差为

$$S_a = \sqrt{\frac{\sum x_i^2}{n \sum x_i^2 - \left(\sum x_i \right)^2}} \times S_y$$

$$S_b = \sqrt{\frac{n}{n \sum x_i^2 - \left(\sum x_i \right)^2}} \times S_y$$

$$S_y = \sqrt{\frac{\sum (y_i - a - bx_i)^2}{n - 2}}$$

为了判断测量点与拟合直线符合的程度，需要计算相关系数 $r = \dfrac{I_{xy}}{\sqrt{I_{xx} \cdot I_{yy}}}$。一般地，$|r| \leqslant 1$。如果 $|r| \to 1$，说明测量点紧密地接近拟合直线；如果 $|r| \to 0$，说明测量点离拟合直线较远、较分散，应考虑用非线性拟合。

从上面的讨论可知，回归直线一定要通过点 $(\bar{x}, \bar{y})$，这个点叫作该组测量数据的重心。注意，此结论对于用图解法处理数据是很有帮助的。

一般来讲，使用最小二乘法拟合时，要计算上述6个参数：a、b、S_a、S_b、S_y、r。

第二章

力学实验

实验一　长度与体积的测量

一、实验目的

1. 掌握游标卡尺、螺旋测微器的构造、原理及使用方法。
2. 练习有效数字的基本运算及误差的计算。

二、实验仪器

游标卡尺、螺旋测微器、读数显微镜、金属圆管、钢球、细丝等。

三、实验原理

1. 游标卡尺（仪器的构造原理）

为了提高米尺的读数精度，常用游标原理将米尺进行改进。游标即是在主尺旁加装的一个可以相对于主尺滑动的副尺。游标的刻度一般有 10 分度、20 分度或 50 分度。当主尺的最小分度值为 1 mm 时，采用 10 分度、20 分度或 50 分度的游标，可分别读出 0.1 mm、0.05 mm 或 0.02 mm。

直游标是可以沿主尺滑动的小直尺，其上有 n 个分度值，n 个分度的总长和主尺上 $n-1$ 个分度值的总长相等，即 $nx = (n-1)y$。其中 x 为游标上的分度值，y 为主尺上的分度值，因而主尺分度值与游标分度值之差为 $\Delta x = y - x = y - \dfrac{n-1}{n}y = \dfrac{y}{n}$，$\Delta x$ 称为游标的精度。设 l 是待测物的长度，使之起端与主尺零点相合，如该待测物的末端位于主尺第 k 和 $k+1$ 刻度之间，且游标上第 m 个刻度与主尺的某一个刻度最接近，则

$$l = ky + m\Delta x = ky + m\frac{y}{n}$$

实际操作时，对于本实验室的 50 分度的游标卡尺，先读主尺数 ab（以 mm 为单位），再读游标数 cd（2~98 之间的偶数），读数结果为：ab，cd mm，读数一定是偶数。

2. 螺旋测微器（机械放大原理）

用一根加工精密的螺杆旋进与之相应的带有刻度的螺母套管，并且使螺杆和一个带有分度的微动套筒相连，螺母套管固定在尺架上，就可以对微小长度进行测量，人们通常把这种装置叫螺旋测微器。在螺母套管上的刻度实际上是沿轴向刻度的标尺，其分度值为 0.5 mm（或 1 mm），它正好等于螺杆的螺距。微动套筒的周边均匀刻有 50 分度（或 100 分度），微动套筒转动一周，它正好移动（连同螺杆）0.5 mm（或 1 mm），即等于螺距。这样，微动套筒每转动一个分度值，螺杆前进 0.01 mm。根据一般仪器读数原则，估读分度值的 1/10，即可读数到 0.001 mm，螺旋测微器是比游标卡尺更精密的长度测量仪器，因为其读数可读到 0.001 mm，所以又叫作千分尺。

应用螺旋测微器能够提高测量准确度，主要在于通过螺杆上的螺纹和鼓轮上的圆周，将螺母套上的分度值加以放大，即将螺距（通常为 0.5 mm）放大为鼓轮的圆周之长。这样螺杆沿轴线方向移动一不易测量的微小距离就可通过圆周上一点所移动的较大距离来表示。这种原理叫机械放大原理。

读数方法：先从主尺上读出 0.5 mm 的整格数；再从主尺的横线所对的鼓轮的格数（可估读到一格的 1/10），读出下部分 0.5 mm 的小数，二者相加即得待测物的测得值。

3. 读数显微镜

读数显微镜又称测量显微镜，是将螺旋测微器（或游标装置）和显微镜组合而成的仪器。JXD-250B 型读数显微镜是由一个能够自由移动的显微镜和螺旋测微器组合而成。其测微螺距为 1 mm，鼓轮周长等分为 100 个刻度，每转一格显微镜移动 0.01 mm。其读数原理与螺旋测微器类似。

使用方法：调节目镜至清楚地看到镜中叉丝；调节显微镜至清晰地看到物体的像为止；转动鼓轮，移动显微镜，让叉丝交点对准待测物上一点（或一条直线）N，记下读数 x_1；再转动鼓轮，移动显微镜，让叉丝交点对准另一点 P，记下读数 x_2；两次读数之差的绝对值 $PN = |x_2 - x_1|$，即为两点间的距离。

注意：两次读数时要向一个方向移动，以避免回程误差。

四、实验内容

（1）测量金属圆管的体积。体积公式为 $V_1 = \frac{\pi}{4}h(d_1^2 - d_2^2)$。式中 h、d_1、d_2 分别为圆管的高、外径和内径，可用游标卡尺测量。

（2）测金属球体积。测金属球体积公式为 $V = \frac{\pi}{6}D^3$，D 为金属球的直径，可用螺旋测微器测量。

（3）测金属丝的宽度。用读数显微镜测量。读数显微镜测的两次读数值若为 x_1、x_2，则有金属丝宽度 $l = |x_1 - x_2|$。

五、数据记录及处理

游标卡尺测金属管体积的数据填入表 2-1 中，螺旋测微器测金属球直径的数据填入表 2-2 中，读数显微镜测金属丝宽度的数据填入表 2-3 中。

表 2-1　游标卡尺测金属圆管体积的数据记录

被测	次数						平均值
	1	2	3	4	5	6	
h/mm							
d_1/mm							
d_2/mm							

游标卡尺零点读数：

表 2-2　螺旋测微器测金属球直径的数据记录

次数	金属球直径 D/cm			$|\Delta D| = |D_i - \overline{D}|$
	零点读数	测量读数	实际值	
1				
2				
3				
4				
5				
6				
平均值	$\overline{D} =$			

表 2-3　读数显微镜测金属丝宽度的数据记录

次数	x_1/mm	x_2/mm	l/mm	Δl/mm
1				
2				
3				
4				
5				

次数	x_1/mm	x_2/mm	l/mm	$\Delta l/\text{mm}$
6				
平均值			$\bar{l}=$	$\overline{\Delta l}=$

注：$l=|x_2-x_1|$，$\Delta l=|l_i-i|$。

电子读数可按"zero"键取 $x_1=0$ 或 $x_2=0$。$\Delta_仪=$ _____。

六、注意事项

1. 使用游标卡尺的注意事项

（1）要特别注意保护量爪。测量时，只要把物体轻轻卡住即可，尤其不允许把夹紧的物体乱摇动，以免损坏量爪。

（2）要注意校正零点。即在测量前，将量爪 A、B 合拢检查游标上的"0"线与主尺上的"0"线是否重合，如果不重合，应找出修正量，然后再使用，以便测量时对结果进行修正。

2. 使用螺旋测微器的注意事项

（1）在测量之前要记录零点的读数，以便对测量数据进行零点修正。

（2）测量时，应该缓慢转动棘轮旋柄，使螺杆前进，只要听到发出喀喀声，即可读数。不要直接转动微动套筒使螺杆前进到夹住物体，以免用力过大，夹得太紧，影响测量结果，甚至损坏仪器。

3. 使用读数显微镜的注意事项

（1）测量长度时，读数显微镜移动方向应和待测长度平行。

（2）在同一次测量中，测微手轮必须恒向一个方向旋转，以避免倒向产生回程误差。

七、思考题

1. 分析产生误差的原因。

2. 在游标卡尺上怎样得出被测量的毫米整数位和求出不足 1 mm 的小数？

3. 螺旋测微器的读数方法和游标卡尺有哪些异同点？用它们读数时可能出现哪些错误？

实验二　用单摆测重力加速度

一、实验目的

1. 研究单摆周期与摆长之间的关系。
2. 利用单摆测当地的重力加速度 g。

二、实验仪器

米尺、游标卡尺、停表（计时器）、单摆装置。

三、实验原理

用质量可以忽略的细线吊起一小重球，使其在悬点左右摆动，这就是一个单摆装置。悬线的长加小球半径等于摆长，小球往返一次所用的时间叫单摆的周期。若使小球摆动，当摆角不大于 5° 的情况下可以近似地认为是简谐振动。其证明如下。

建立自然坐标系，切向单位矢量为 $\boldsymbol{\tau}$。法向单位矢量为 $\boldsymbol{n}$。

$\boldsymbol{\tau}$ 方向：$-mg\sin\theta = ma_\tau = m\dfrac{\mathrm{d}v}{\mathrm{d}t} = ml\dfrac{\mathrm{d}\omega}{\mathrm{d}t} = ml\ddot{\theta}$。

$\boldsymbol{n}$ 方向：$T - mg\cos\theta = m\dfrac{v^2}{l}$。

上两式中 v 为小球的速度，θ 为悬线与竖直方向的夹角，T 为细线拉力，ω 为小球的角速度。

若 θ 很小，则 $\sin\theta \approx \theta$，故：$\ddot{\theta} + \dfrac{g}{l}\theta = 0$，于是有

$$\ddot{\theta} + \omega_0^2\theta = 0 \tag{2-1}$$

式中：$\omega_0^2 = \dfrac{g}{l}$，$l$ 为摆长。

式（2-1）为单摆简谐振动的动力学方程。简谐振动的周期 T、摆长 l、与重力加速度 g 之间关系为

$$\left. \begin{array}{l} T = 2\pi\sqrt{\dfrac{l}{g}} \\[3mm] g = \dfrac{4\pi^2 l}{T^2} \end{array} \right\} \tag{2-2}$$

四、实验内容

1. 摆长不变，测重力加速度

（1）悬挂单摆：把小球和细线连接挂在悬架上，悬架上的绞轴上有一小孔，用悬线穿过绞轴，转动绞轴可以改变单摆的摆长。悬线经悬架下方的小孔穿过后，让它经过刀口再悬挂下来，这样刀口就成为悬点。

（2）测量摆长 l：取摆长大约 l，测量悬线长度 l' 及小球直径 d，共5次，求平均得 $\bar{l} = \bar{l'} + \bar{d}/2$。

（3）粗测摆角 θ：应确保摆角 $\theta < 5°$。

（4）测量周期 T：计时起点选在小球经过平衡位置的时刻，用停表测出单摆摆动30次的时间 T_{30}，共测量5次，取平均值。

（5）计算重力加速度：将测出的1和T代入 $\bar{g} = 4\pi^2 \dfrac{\bar{l}}{\bar{T}^2}$ 中，计算出重力加速度 g，并

计算测量相对误差 $E_r = \dfrac{|\bar{g} - g_{标准}|}{g_{标准}} \times 100\%$（$g_{标准} = 9.806\,65 \text{ cm/s}^2$）。

2. 改变摆长测定重力加速度

按理论，T^2 和 l 之间具有线性关系 $T^2 = \dfrac{4\pi^2}{g}l$，如对于不同的摆长测出各自对应的周期，则可利用 l-T^2 图线的斜率 k，进而由 $k = \dfrac{4\pi^2}{g}$ 求出重力加速度 g。

（1）使摆长分别为约50、60、70、80、90 cm（摆长以实测为准，浮动不超过1 cm，例如50 cm，可取49～51 cm之间任一长度即可），测出不同摆长的单摆摆动30次的用时 T_{30}，填入表格2-5中。

（2）用直角坐标纸作 l-T^2 直线图（横坐标为 l，纵坐标为 T^2），得直线斜率 k，$g = 4\pi^2/k$。

五、数据记录及处理

等摆长时的数据填入表2-4中，改变摆长时的数据填入表2-5中。

表 2-4　等摆长时的数据记录

次数	悬线长度 l'/cm	小球直径 d/cm	摆长 $\bar{l}/cm$	T_{30}/s	周期 /s	$\bar{g}/(cm \cdot s^{-2})$	相对误差 E_r
1							
2							
3							
4							
5							
平均值	$\bar{l'}=$____	$\bar{d}=$____		$\overline{T_{30}}=$____			

表 2-5　改变摆长时的数据记录

摆长 l/cm					
T_{30}/s					
T/s					
T^2/s^2					
$k=$____			$g=$____		相对误差 $E_r=$____

六、注意事项

（1）摆长测定中，米尺与悬线尽量平行、接近，眼睛与小球上缘平行，视线与尺垂直。

（2）测定周期 T 时，要从小球摆至最低点时开始计时，并在最低点停止计时。这样可以把反应延迟时间前后抵消，并减少人为判断位置而产生的随机误差。特别注意：周期不要记错，往返一次是一个周期！

七、思考题

1. 从误差分析角度说明为什么不直接测量单摆往返一次的时间。

2. 小球从平衡位置移开的距离为摆长的几分之一时，$\theta \approx 5°$。

3. 单摆摆动时受到空气阻力作用，摆幅越来越小，其周期有什么变化？如用木球代替铁球，单摆的周期又有何不同。

实验三　密度的测量

一、实验目的

1. 掌握物理天平的使用方法。
2. 学习用比重瓶法测定固体和液体密度。

二、实验仪器

物理天平、比重瓶、烧杯（两个）、蒸馏水、盐水、锌粒。

三、实验原理

由密度的计算公式有

$$\rho = \frac{m}{V}$$

1. 用比重瓶测盐水密度 ρ_1

设 m_0 为空比重瓶的质量；m_p 为装满水后比重瓶的总质量；V 为比重瓶的体积，则有

$$V = \frac{m_p - m_0}{\rho_0} \tag{2-3}$$

式中：ρ_0 是水的密度（$\rho_0 = 1.0 \times 10^3 \ \text{kg/m}^3$）。

若设 m_1 为装满盐水（盐水密度为 ρ_1）后比重瓶的总质量，则比重瓶体积为

$$V = \frac{m_1 - m_0}{\rho_1} \tag{2-4}$$

式（2-3）与式（2-4）相等，则有

$$\frac{m_p - m_0}{\rho_0} = \frac{m_1 - m_0}{\rho_1}$$

所以，盐水密度为

$$\rho_1 = \frac{m_1 - m_0}{m_p - m_0} \rho_0 \tag{2-5}$$

2. 比重瓶法测锌粒密度 ρ_2

设 m_2 为锌粒的质量；m_p 为装满水后比重瓶的总质量；m_{p2} 为质量为 m_2 的锌粒放入比重瓶后的总质量，则排出水的质量为 $m_2 + m_p - m_{p2}$。

排出水的体积即锌粒的体积，其表达式为

$$V_2 = \frac{m_2 + m_p - m_{p2}}{\rho_0}$$

锌粒密度为

$$\rho_2 = \frac{m_2}{V_2} = \frac{m_2}{m_2 + m_p - m_{p2}} \rho_0$$

四、实验内容

（1）调节天平成水平平衡。

（2）取比重瓶、锌粒和水。

（3）依次测量 m_0、m_p、m_1、m_2、m_{p2} 等参数。

五、数据记录及处理

盐水密度的测量数据填入表2-6中，锌粒密度的测量数据填入表2-7中。

表2-6　盐水密度的测量数据记录

次数	被测量				平均值
	m_0 /kg	m_p /kg	m_1 /kg	ρ_1 /(kg·m⁻³)	$\overline{\rho_1}$ /(kg·m⁻³)
1					
2					
3					

表2-7　锌粒密度的测量数据记录

次数	待测量				平均值
	m_2 /kg	m_p /kg	m_{p2} /kg	v_2 /m³	ρ_2 /(kg·m⁻³)
1					
2					
3					

求出锌粒密度的平均值：$\overline{\rho_2}$ = _____。

六、注意事项

比重瓶一定要烘干，比重瓶装满后，一定要将溢出瓶外的液体擦干。

七、思考题

1. 使用比重瓶应注意哪些事项？

2. 还有哪些方法可以测量不规则物体的密度？写出设计方案。

实验四　用气垫导轨法研究匀速和匀加速直线运动

一、实验目的

1. 观察匀速直线运动，测量滑块的运动速度。
2. 学习使用气垫导轨和存储式数字毫秒计时仪。

二、实验仪器

气垫导轨、气源、存储式数字毫秒计时仪、垫块。

三、实验原理

为了实现物体在斜面上接近无摩擦地运动，并能测量出物体运动的瞬时速度和加速度，本实验采用了气垫导轨和光电测量系统。气垫导轨的整体结构如图2-1所示。气垫导轨由导轨、滑块、光电转换系统和气源等部分组成。

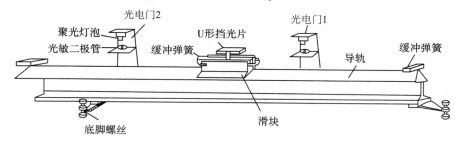

图2-1　气垫导轨的整体结构

（1）导轨是用一根平直、光滑的三角形铝合金制成的，其固定在一根刚性较强的工字钢梁上。导轨长为1.5 m，轨面上均匀分布着孔径为0.6 mm的两排喷气小孔。导轨一端封死，另一端装有进气嘴；当压缩空气进入管腔后，就从喷气小孔喷出，托起滑块。在导轨两端还装有缓冲弹簧。在导轨底座有用来调节水平的底脚螺丝。导轨的一端还装有气垫滑轮。

（2）滑块是导轨上的运动物体，长度分别为12 cm和24 cm，也是用铝合金制成的，其下表面与导轨的两个侧面精密吻合。根据实验需要，滑块上可以加装挡光片、挡光杆、加重块、尼龙扣、缓冲弹簧等附件。

（3）光电转换系统是气垫实验中的计时装置。其中，存储式数字毫秒计时仪（以下简称计时仪）采用单片微处理器，程序化控制，可用于各种计时、计频、计数等；单边式结构的光电门，固定在导轨带刻度尺的一侧，光敏二极管和聚光灯泡呈上下安装。灯泡点亮时，正好照在光敏二极管上。光敏二极管在光照时电阻为几千欧；挡光时电阻为几兆欧。利用光敏二极管两种状态下的电阻变化，可获得电压信号，用来控制计时仪，可使其计数或停止。

（4）测量滑块运动的瞬时速度 v。物体作直线运动时，其瞬时速度定义为

$$v = \lim_{\Delta t \to 0} \frac{\Delta d}{\Delta t} \tag{2-6}$$

根据这个定义，瞬时速度实际上是不可能测量的。因为当 $\Delta t \to 0$ 时，同时有 $\Delta d \to 0$，测量上有具体困难。只能取很小的 Δt 及相应的 Δd，用其平均速度来代替瞬时速度 v，即

$$\bar{v} = \frac{L}{\Delta t} \tag{2-7}$$

式中：L 为 U 形挡光片（简称挡光片）两个挡光沿的宽度（见图 2-3）；Δt 为挡光片第一次挡光开始计时到第二次挡光停止计时的时间间隔，即滑块移动 L 所用的时间。

（5）测量滑块运动的加速度 a。如图 2-2 所示，如果将气垫导轨的一端垫高，形成斜面，滑块下滑时将作匀加速直线运动，可用以下方法测定加速度。

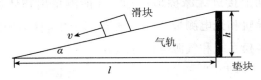

图 2-2　滑块下滑示意

①根据匀变速直线运动公式，即

$$a = \frac{v_i - v_0}{t} \tag{2-8}$$

式中：v_i 及 v_0 为导轨倾斜情况下滑块通过 S_i、S_0 两点的瞬时速度，可用式（2-7）计算；通过 S_i、S_0 之间的时间间隔 t，可用下面方法测得，把挡光片缺口挡住，挡光片通过 S_0 开始计时，通过 S_i 停止计时。

也可以用作图法处理数据求加速度 a，方法是使滑块由同一位置 P 从静止开始滑下，测得不同位置 S_0、S_1、S_2、S_3、S_4、S_5 处的速度 v_0、v_1、v_2、v_3、v_4、v_5 及相应的时间间隔 t_1、t_2、t_3、t_4、t_5，如图 2-4 所示，以 t 为横坐标，v 为纵坐标作 v-t 图。如果图线是一条直线，说明物体作匀加速直线运动，且直线斜率为加速度 a。

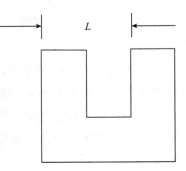

图 2-3　U 形挡光片示意

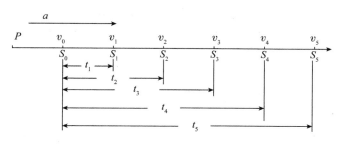

图 2-4　数据处理

②根据公式，即

$$a = \frac{v_i^2 - v_0^2}{2(S_i - S_0)} \tag{2-9}$$

可算出加速度 a 也可以用作图法处理数据求 a，方法是使滑块由同一位置 P 从静止开始滑下，测得一组数据 $(S_1，v_1)$，$(S_2，v_2)$，$(S_3，v_3)$，$(S_4，v_4)$，$(S_5，v_5)$，以 $(S - S_0)$ 为横坐标，v^2 为纵坐标，作 $v^2 - (S - S_0)$ 图，如果图线是直线，说明物体作匀加速直线运动，且直线斜率为 $2a$。

四、实验内容

1. 观察匀速直线运动

（1）首先检查计时仪是否正常。将计时仪与光电门连接好，要注意套管插头和插孔要正确插入。将两光电门放在导轨上，挡光片第一次挡光开始计时，第二次挡光停止计时，就说明计时仪能正常工作。

（2）给导轨通气，并检查气流是否均匀。

（3）选择合适的挡光片放在滑块上，再把滑块置于导轨上。

（4）调节导轨底座的底脚螺丝，使其水平。只要导轨水平，滑块在导轨上的运动就是匀速运动，只要是匀速运动，对于同一个挡光片而言，滑块经过两光电门的时间就相等，即 $\Delta t_1 = \Delta t_2$。

2. 测定匀加速直线运动的加速度 a

（1）将导轨一端垫起，如图 2-2 所示。

（2）按图 2-4 测出各物理量。计时仪的"加速度（S_2）"挡测出：滑块过第一个挡光片位置 K_1 的时间 Δt_0，过第二个挡光片位置 K_2 的时间 Δt_i，K_1—K_2 的时间 t_i，重复 4 次。

五、数据记录及处理

匀加速直线运动的测量数据填入表 2-8 中。其中，$h =$ ____；$l =$ ____；$L =$ ____（见图 2-2）。

表 2-8 匀加速直线运动的测量数据记录

S_i /cm	S_0	S_2	S_3	S_4	S_5
Δt_i /s	Δt_0	Δt_2	Δt_3	Δt_4	Δt_5
v_0 / (cm · s^{-1})	v_0	v_2	v_3	v_4	v_5
t_i /s	—	t_2	t_3	t_4	t_5
	—				
$(S_i - S_0)$ /cm	—	$S_2 - S_0$	$S_3 - S_0$	$S_4 - S_0$	$S_5 - S_0$
	—				

2. 计算加速度 a

加速度 a 的计算方法如下。请将计算结果填入横线上方。

$a = g\sin \alpha \approx g\,\dfrac{h}{l} = $ ＿＿＿ cm/s^2，其中，α 为图 2-2 中导轨加垫块后倾斜的角度。

$$a_1 = \frac{v_1 - v_0}{t_1} = \underline{\qquad} \text{cm/s}^2$$

$$a_2 = \frac{v_1^2 - v_0^2}{2(S_1 - S_0)} = \underline{\qquad} \text{cm/s}^2$$

3. 作图

根据以上列表所得数据，分别作 $v - t$ 和 $v^2 - (S - S_0)$ 图，求加速度 a。

六、注意事项

（1）气轨是精密的设备，实验中应确保导轨和滑块不变形、表面不受碰砸。未送气时，切不可将滑块放置在导轨上强行推动。

（2）导轨和滑块的工作表面必须保持清洁。

（3）移动光电门时，动作要轻。

（4）按实验规程进行操作，不要晃动实验台。

七、思考题

1. 分析误差产生的原因。

2. 如果气垫导轨没有调至水平，这会给加速度的测量带来什么影响？

3. 测加速度时滑块释放点随意变动行不行？释放滑块时能否用力推一下？

［附］ 气垫实验预备知识

一、气垫导轨（气轨）及原理

气垫导轨主体是一根平滑的空心导轨，上面均匀地打有二三排喷气小孔。当气流从喷气小孔高速喷出时，导轨上可放滑块。滑块下方的形状与导轨表面形状完全吻合，其间形成了厚为 0.1 mm 左右的气垫，滑块足以被气垫浮起。

二、计时仪

导轨上装有可移动的光电门。滑块上装有一个挡光板，当滑块在气轨上运动通过光电门时，由于挡光板的切光作用，光敏二极管将先后产生两个电脉冲，输入计时仪，作为启动和终止计时的信号。这时计时仪将显示出滑块在该光电门处通过距离 L（如图 2-5）所用的时间，则 $v = \dfrac{L}{\Delta t}$，即为在距离 L 上的平均速度。通常将该速度近似视为滑块通过光电门所在处的瞬时速度。

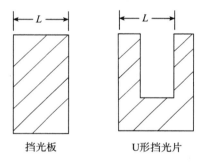

图 2-5 挡光板和 U 形挡光片

三、调节气轨工位

1. 调平

（1）**静态调节法**：将滑块置于导轨上某处，调节底脚螺丝，直到滑块能保持不动，或稍有些滑动但无一定方向性。

（2）**动态调节法**：在适当距离间放置两个光电门，令滑块以某速度滑过，比较其通过两个光电门时所用的时间，微调底脚螺丝，直到滑块无论向哪一方向运动时，对应后一光电门的时间总是稍长些，且两个时间差大致相等。

2. 调倾角

调倾角的方法如下：

（1）可由底脚螺丝调节，调节前必须先将气轨调平，然后再调底脚螺丝使一端升

高 h；

（2）可用已知厚度为 h 的垫块将导轨一端垫起，导轨倾角为 $\alpha=\arctan\dfrac{h}{l}\approx\dfrac{h}{l}$。

实验五　牛顿第二定律的验证

一、实验目的

1. 熟悉气垫导轨的使用方法。
2. 利用气垫导轨测定速度和加速度。
3. 验证牛顿第二定律。

二、实验仪器

气垫导轨及附件一套、存储式数字毫秒计时仪、电子天平、游标卡尺、微音气泵。

三、实验原理

1. 测定速度和加速度

速度和加速度的计算公式为

$$v=\frac{L}{\Delta t},\ a=\frac{v_2-v_1}{\Delta t}$$

2. 牛顿第二定律的验证

牛顿第二定律实验原理示意如图 2-6 所示。设滑块质量为 M，砝码和砝码盘的质量和为 m，忽略空气阻力，则由牛顿第二定律得滑块加速度为 $a=\dfrac{m}{m+M}g$。

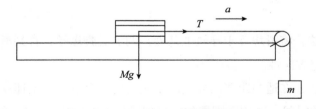

图 2-6　牛顿第二定律实验原理示意

实验中，逐次改变 m 值，测量相应的 a 值。以 $\dfrac{m}{M+m}$ 为横坐标，a 为纵坐标，在坐标纸上作实验曲线，如果所作曲线是一条直线，则牛顿第二定律得以验证。实验的前提条件如下：

（1）取初速度 $v_0=0$；

（2）使滑块每次通过的路程相等，即 S 不变；

（3）滑块上 U 形挡光片是同一个，U 形挡光片宽度 L 不变，且 $v = \dfrac{L}{\Delta t}$。

则由位移、速度、加速度的关系可得 $a = \dfrac{v^2}{2S}$。

四、实验内容

1. 测定速度和加速度

（1）将气垫导轨调成一斜面，并清洁导轨和滑块，打开气源。

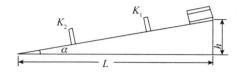

图 2-7　测定速度和加速度实验装置

（2）将滑块装上 U 形挡光片；将两光电门放在导轨中部相距约 80 cm 的位置 K_1、K_2；在 K_1 位置的光电门将四芯插头插入计时仪的 P_1 插孔；在 K_2 位置的光电门将四芯插头插入计时仪的 P_2 插孔。使光电门和计时仪正常工作。

（3）将滑块轻放在导轨上高的一端，从弹簧架端轻轻放手，使初速度 $v_0 = 0$。

（4）用计时仪的"加速度（S_2）"挡测出：滑块过 K_1 的时间 Δt_1，过 K_2 的时间 Δt_2，$K_1 - K_2$ 的时间 Δt_3，重复三四次。

（5）再用游标卡尺测出 U 形挡光片宽度 L，垫块高度 h，用刻度尺量取气轨底座间距 l。

（6）求出 $v_1 = \dfrac{L}{\Delta t_1}$、$v_2 = \dfrac{L}{\Delta t_2}$ 和 $a = \dfrac{v_2 - v_1}{\Delta t_3}$，填入表 2-9 中。

2. 牛顿第二定律的验证

（1）将气轨调平；滑块通过气垫滑轮吊一砝码盘。

（2）将滑块装上 U 形挡光片（或挡光板）；可只用一个光电门。

（3）将滑块轻放在导轨上，从一端弹簧架轻轻放手，使初速度 $v_0 = 0$。

（4）用计时仪的"S_2（或 S_1）"挡测出：滑块过光电门的时间 Δt。

（5）再用游标卡尺测出 U 形挡光片宽度 L，用刻度尺量取从弹簧架到"光电门"的间距 S；用电子天平测出 m 值和滑块 M（包括 U 型挡光片）值。

（6）求出 $\dfrac{m}{M + m}$，$v = \dfrac{L}{\Delta t}$，$a = \dfrac{v^2}{2S}$。对应每个 m 值，重复测量 3 次 Δt，填入表 2-10 中。

（7）取不同的 m 值（改变砝码质量），计算出对应的平均加速度。

五、数据记录及处理

加速度的测量数据填入表 2-9 中，牛顿第二定律验证的测量数据填入表 2-10 中。

表2-9 加速度的测量数据记录与处理

序号 i	Δt_1/ms	Δt_2/ms	Δt_3/ms	v_1/(cm·s^{-1})	v_2/(cm·s^{-1})	a/(cm·s^{-2})
1						
2						
3						
4						

U形挡光片宽度 $L=$ _____ cm；垫块高度 $h=$ _____ cm；气轨底座间距 $l=$ _____ cm；加速度平均值 $\bar{a}=$ _____ cm/s^2；加速度理论值 $a_{\mathrm{li}}=g\sin\alpha\approx g\dfrac{h}{l}$ _____ cm/s^2；相对误差 $E_\mathrm{r}=\dfrac{|\bar{a}-a_{\mathrm{li}}|}{a_{\mathrm{li}}}\times100\%=$ _____ %。

表2-10 牛顿第二定律验证的测量数据记录与处理

砝码及砝码盘的质量/g	横坐标 $\dfrac{m}{M+m}$	Δt/ms			v/(cm·s^{-1})			a/(cm·s^{-2})			
		1	2	3	1	2	3	1	2	3	$\bar{a}$
$m_1=$ ____	$\dfrac{m_1}{M+m_1}=$ ____										
$m_2=$ ____	$\dfrac{m_2}{M+m_2}=$ ____										
$m_3=$ ____	$\dfrac{m_3}{M+m_3}=$ ____										
$m_4=$ ____	$\dfrac{m_4}{M+m_4}=$ ____										
$m_5=$ ____	$\dfrac{m_5}{M+m_5}=$ ____										

U形挡光片宽度 $L=$ _____ cm；弹簧架到光电门的间距 $S=$ _____ cm；滑块的质量 $M=$ _____ g。

（1）以 $\dfrac{m}{M+m}$ 为横坐标，$\bar{a}$ 为纵坐标，作实验曲线。如果它是一条直线，则牛顿第二定律得以验证。

（2）实验曲线的斜率是多少？是否等于重力加速度 g？分析产生偏差的原因。

注：为了保证一定的作图精度，充分利用坐标纸，坐标分度不一定从零开始，可以用低于原始数据的某一整数作为坐标分度的起点。坐标纸应为 15 cm×15 cm。

六、注意事项

（1）实验中若用 U 形挡光片，则计时仪应选取"S_2"挡。

（2）实验中要防止实验台震动，以避免由此而引起的误差。

七、思考题

1. 使用气垫导轨前应做哪些准备工作？

2. 如果不用气垫导轨，能否用其他实验方法验证牛顿第二定律？

实验六　碰撞的研究

一、实验目的

1. 验证动量守恒定律。

2. 研究弹性碰撞和非弹性碰撞的特点。

3. 熟悉气垫导轨的使用方法。

二、实验仪器

气垫导轨及附件一套、存储式数字毫秒计时仪、电子天平、游标卡尺、微音气泵。

三、实验原理

物体系在某方向 $\sum \boldsymbol{F}_{ix} = 0$，则 $\sum m_1 \boldsymbol{v}_{ix} = C$。本实验用水平气垫导轨上两滑块的正碰，验证动量守恒定律，如图 2-8 所示。

动量守恒定律的公式为

$$m_1 v_1 = m_1 v'_1 + m_2 v'_2 \tag{2-10}$$

恢复系数的表达式为

$$e = (v'_2 - v'_1)/(v_1 - v_2) \tag{2-11}$$

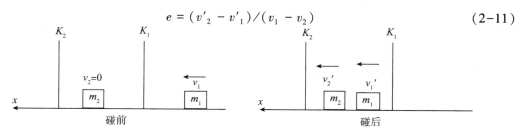

图 2-8　碰撞原理图

四、实验内容

实验步骤如下：

（1）清洁导轨和滑块，打开气源，用静态调节法调平气轨；

（2）将 K_1 位置光电门的四芯插头插入计时仪的 P_1 插孔，K_2 位置光电门的四芯插头插入计时仪的 P_2 插孔，使光电门和计时仪正常工作；

（3）将两滑块装上碰撞弹簧片（非弹性碰撞装上尼龙扣）、U 形挡光片，称出其质量 m_1、m_2；

（4）将滑块轻放在导轨上，使 m_2 靠近 K_2 位置的光电门，并使 $v_2 = 0$；从弹簧架端发射 m_1，使 m_1 与 m_2 发生正碰。

1. 完全弹性碰撞（$e = 1$，$\Delta E_k = 0$，动能守恒）

用计时仪"碰撞（PZH）"挡测出碰前滑块 1 过 K_1 的时间 Δt_1；碰后滑块 2 过 K_2 的时间 Δt_2、滑块 1 过 K_1（或过 K_2）的时间 Δt_3；重复 3 次，用游标卡尺测出挡光片宽度 L，求出 $v_1 = \dfrac{L}{\Delta t_1}$、$v'_2 = \dfrac{L}{\Delta t_2}$ 和 $v'_1 = \dfrac{L}{\Delta t_3}$，填入表 2–11 中。

2. 完全非弹性碰撞（$e = 0$，$\Delta E_k \neq 0$，动能损失最大）

完全非弹性碰撞实验的步骤同上，实验数据填入表 2–12 中。

五、数据记录及处理

1. 完全弹性碰撞实验数据处理

（1）对于每次测量结果，验证动量守恒定律，即计算 $m_1 v_1$，$m_1 v'_2 + m_2 v'_2$，以及验证 $m_1 v_1$ 是否等于 $m_1 v'_1 + m_2 v'_2$，写出结论，并分析原因。

（2）计算出每次测量的恢复系数 $e = (v'_2 - v'_1) / (v_1 - v_2)$ 填入表 2–11 中。

（3）碰撞前后动量百分差 $\eta = 1 - (m_1 v'_1 + m_2 v'_2) / (m_1 v_1)$ 填入表 2–11 中。

表 2–11　完全弹性碰撞数据记录及处理

测量	第一次	第二次	第三次
$\Delta t_1 / \mathrm{ms}$			
$\Delta t_2 / \mathrm{ms}$			
$\Delta t_3 / \mathrm{ms}$			
L / cm			
m_1 / g			
m_2 / g			
$v_1 / (\mathrm{cm \cdot s^{-1}})$			

测量	第一次	第二次	第三次
$v'_2 /$ （cm $\cdot$ s^{-1}）			
v'_1			
$m_1 v_1 /$ （g $\cdot$ cm $\cdot$ s^{-1}）			
恢复系数 e			
碰撞前后动量百分差 η			

1. 完全非弹性碰撞实验数据处理

（1）对于每次测量结果，验证动量守恒定律，即计算 $m_1 v_1$，$m_1 v'_1 + m_2 v'_2$，以及验证 $m_1 v_1$ 是否等于 $m_1 v'_1 + m_2 v'_2$，写出结论，并分析原因。

（2）计算出每次测量的恢复系数 $e = （v'_2 - v'_1）/（v_1 - v_2）$ 填入表 2-12 中。

（3）碰撞前后动量百分差 $\eta = 1 - （m_1 v'_1 + m_2 v'_2）/（m_1 v_1）$ 填入表 2-12 中。

表 2-12　完全非弹性碰撞数据记录及处理表格

测量	第一次	第二次	第三次
$\Delta t_1 /$ ms			
$\Delta t_2 /$ ms			
$L /$ cm			
$m_1 /$ g			
$m_2 /$ g			
$v_1 /$ （cm $\cdot$ s^{-1}）			
$v'_2 /$ （cm $\cdot$ s^{-1}）			
$m_1 v_1 /$ （g $\cdot$ cm $\cdot$ s^{-1}）			
恢复系数 e			
碰撞前后动量百分差 η			

六、注意事项

注意导轨一定要调平。

七、思考题

动量守恒的条件是什么？实验中如何保证这些条件？

实验七　转动惯量的测定

一、实验目的

1. 通过实验，加深对转动惯量的理解。
2. 掌握利用扭摆测定物体转动惯量的方法。

二、实验仪器

扭摆、铁环、钢卷尺、停表（计时装置）、螺旋测微器、电子天平（共用）。

三、实验原理

（1）扭摆的构成。一长而均匀的细金属杆上端固定，使其自由下垂，其下端穿过一金属盘的圆心而被夹住，即成一扭摆；使圆盘转过一小角度后释放，则圆盘在金属杆恢复力矩的作用下往复扭动（注：圆盘只有转动而无平动）。

（2）扭摆的运动方程。扭摆在振动过程中，其弹性限度内恢复力矩 M 与扭转角 φ 成正比而转向相反，即

$$M = -D\varphi \tag{2-12}$$

式中：D 为恢复系数，在圆形截面的情形下可证 $D = \dfrac{\pi N r^4}{2L}$，其中，$N$ 是金属的切变模量，r 是杆的半径，L 是杆长。

根据转动定律，有

$$M = J\alpha \tag{2-13}$$

式中：J 是圆盘的转动惯量；α 是圆盘的角加速度。

由式（2-12）、式（2-13）得，扭摆的运动方程为：$\dfrac{\mathrm{d}^2\varphi}{\mathrm{d}t^2} + \dfrac{D}{J}\varphi = 0$，可见扭摆的运动为简谐振动。

（3）扭摆振动周期为

$$T = 2\pi\sqrt{\frac{J}{D}}$$

（4）用扭摆测铁环的转动惯量 J_2：设圆盘对其中心轴的转动惯量为 J_1，振动周期为 T_2，则有

$$T_1 = 2\pi\sqrt{\frac{J_1}{D}}$$

即

$$J_1 = \frac{T_1^2 D}{4\pi^2}$$

将欲测转动惯量的铁环加在圆盘上，并使两者重心在同一垂直轴线上，设圆盘加铁环后的转动惯量为 J，振动周期为 T，其中，$T = 2\pi\sqrt{\dfrac{J}{D}}$，即 $J = \dfrac{T^2 D}{4\pi^2}$。所以，铁环转动惯量 J_2 为

$$J_2 = J - J_1 = \frac{(T^2 - T_1^2)D}{4\pi^2} \tag{2-14}$$

（5）铁环转动惯量的理论值为

$$J_{2理} = \frac{1}{2}m_2(R_1^2 + R_2^2) \tag{2-15}$$

四、实验内容

（1）用螺旋测微器测扭杆的直径 $2r$；用钢卷尺测杆的长度 L（不包括两端的轧头），均测 3 次，取平均值。

（2）将扭摆装好，扭转圆盘（扭转角小于 20°）而后释放，使扭摆往复振动，测定振动周期 T_1（其方法是：用停表测定其振动 30 次的时间 t_1，测三次取平均值，求出 $T_1 = t_1/30$。数振动次数时，可先在圆盘上画一记号，以此作为标准）。

（3）将铁环加于圆盘上（铁环与圆盘同心），照上述方法再测其 30 个周期的时间 t，求出 T。

（4）将测量数据代入式（2-14）求 J_2。

（5）测铁环的内、外半径 R_1、R_2，测 3 次，取平均值，称出铁环的质量 m_2，按式（2-15）求出铁环转动惯量的理论值 $J_{2理}$，并和测定值比较。

注：扭转用力不要过猛；过平衡位置开始计时；测扭杆直径在杆的不同部位测。

五、数据记录及处理

（1）铁环转动惯量的实验求法。已知，扭杆的切变模量为：$G = 7.84 \times 10^{11}$ Pa/cm^2（10^5 Pa = 1 N/m^2）。将铁环转动惯量的实验求法数据填入表 2-13 中。

表 2-13　铁环转动惯量的实验求法数据记录及处理

次数	$2r/\text{cm}$	L/cm	$30T_1/\text{s}$	$30T/\text{s}$	扭杆的恢复系数	铁环转动惯量（实验值）
1						
2						
3					$D = \underline{\hspace{2cm}}$	$J_2 = \underline{\hspace{2cm}}$
平均值	$\bar{r}/\text{cm}$	$\bar{L}/\text{cm}$	$\bar{T_1}/\text{s}$	$\bar{T}/\text{s}$		

（2）铁环转动惯量的理论方法。将铁环转动惯量的理论方法数据填入表 2-14 中。

表 2-14　铁环转动惯量的理论方法数据记录及处理表

次数	1	2	3	平均值	质量
$2R_1/\text{cm}$					$m_2 = \underline{\qquad}$
$2R_2/\text{cm}$					
铁环转动惯量的理论值			$J_{2理} = \underline{\qquad\qquad}$		

（3）两种方法的比较。

J_2 的相对误差 $E_r = |J_2 - J_{2理}|/J_2 \times 100\% = \underline{\qquad}\%$。

六、注意事项

（1）扭转角 $\varphi < 20°$。

（2）保证转动为纯转动；不能有上下颤动或左右晃动。

（3）保证铁环重心与圆盘重心重合。

七、思考题

1. 简要分析误差来源。

2. 思考杆的长短对周期的影响。

实验八　弦振动的研究

一、实验目的

1. 观察弦线上驻波的形成及其性质。

2. 了解弦线的振动规律，并利用其测定电动音叉频率。

二、实验仪器

电动音叉、滑轮、弦线、钩码、电子天平（共用）、米尺。

三、实验原理

将弦线的一端系在电动音叉上，另一端绕过滑轮挂钩码。让电动音叉作等幅振动，则会有一横波在弦线上传播，传播到固定点 A 端被反射形成反射波，入射波与反射波在一定条件下，叠加形成驻波，弦线振动装置示意如图 2-9 所示，驻波波形图如图 2-10 所示。

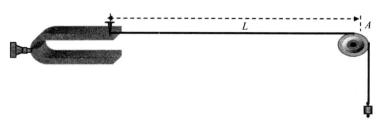

图 2-9　弦线振动装置示意

图 2-10　驻波波形图

（1）弦线上横波的传播速度 v，其计算公式为

$$v = \sqrt{\frac{T}{\mu}}$$

其中，T 为弦线的张力；μ 为弦线的线密度。

（2）弦线振动的规律。根据波速与波长的关系 $v = \lambda f$，可得：$f = \dfrac{1}{\lambda}\sqrt{\dfrac{T}{\mu}}$。实验中保持线密度 μ 不变，测定不同张力 T 的波长 λ，进而求出电动音叉的频率 f。

波长可利用在弦线上形成的驻波直接测定，由于两相邻波节之间的距离就是波长的一半，即 $d = \lambda/2$。

弦线张力 $T = mg$，m 为钩码的质量；测定弦线的长度 l 及弦线的质量 $m_\text{线}$，即可按 $\mu = \dfrac{m_\text{线}}{l}$ 求出弦线的线密度。

四、实验内容

1. 观察驻波的波形特点

（1）将一长约 150 cm 的弦线的一端固定在电动音叉上，另一端通过一固定在桌边的定滑轮拴在钩码上，调节电动音叉，使之正常振动。

（2）改变弦长或加减钩码改变张力，使弦线上形成振幅明显的稳定驻波，观察驻波的波形特点。

2. 测定电动音叉的频率

（1）测弦线的线密度 $\mu = m_\text{线} / l$。

（2）调节电动音叉，使之正常振动。改变弦长，使弦线上形成振幅最大且稳定的具有 n 个波节（含两端）的驻波。记录波线的个数 n，然后用卷尺测量固定点与 A 点的长度 L，记并入表 2-15 中，同时记录悬挂钩码的个数，则波长 $\lambda = \dfrac{2L}{n-1}$。

（3）利用公式 $f = \dfrac{1}{\lambda}\sqrt{\dfrac{T}{\mu}}$ 计算出电动音叉的频率 f，填入表2-15中。

（4）改变钩码数量，并重复步骤（2）、（3）；此步骤重复4次，共5次。

（5）求频率的平均值 $\bar{f}$，并与电动音叉上频率的标准值 $f_{标}$ 比较，求相对误差 $E_r = \dfrac{|\bar{f} - f_{标}|}{f_{标}} \times 100\%$。

注意：为了减小误差，线弦形成的驻波波节数不能太少，且振幅要大且稳定。

五、数据记录及处理

本实验弦线的线密度为 $\mu = m_{线}/l = 2.15 \times 10^{-4}$ kg/m

表2-15　音叉频率的测量数据记录及处理

次数	施加钩码质量/g	波节数 n	弦线长 L/cm	波长 λ/cm	弦线张力 T/N	频率/Hz	$\bar{f}$/Hz	相对误差 E_r/%
1								
2								
3								
4								
5								

电动音叉频率的标准值为：$f_{标} = $ _____ Hz（在仪器上查找）。

六、注意事项

一定要形成波腹最大的、稳定的驻波时才能开始测量。

七、思考题

1. 可否用直接测定弦线中间两个相邻波节距离的方法去求波长？
2. 为什么出现的波节越多越好？

实验九　弹性模量的测定

一、实验目的

1. 测定钢丝的弹性模量。
2. 用光杠杆测量微小长度变化。
3. 用逐差法处理数据。

二、实验仪器

弹性模量测定仪、光杠杆、望远镜、砝码盘、砝码、米尺、游标卡尺、螺旋测微器。

三、实验原理

任何固体在外力的作用下都要发生形变，当外力撤除后，物体能完全恢复原来的形状，这种形变叫弹性形变。

设钢丝的半径为 d，横截面积为 S，长为 L，在外力 F 作用下伸长了 ΔL，根据胡克定律，在弹性限度内应力 F/S 与应变 $\Delta L/L$ 成正比，即：$\dfrac{F}{S} = Y\dfrac{\Delta L}{L}$

比例系数 Y 叫弹性模量，取决于材料的性质，是描述固体抵抗形变能力的重要物理量，也是工业技术中常用的参量，其计算公式为

$$Y = \frac{FL}{S \Delta L} = \frac{4FL}{\pi d^2 \Delta L} \tag{2-16}$$

本实验是测定某一种型号钢丝的弹性模量，其中 F 可以由所挂的砝码质量求出，截面积 S 可以通过螺旋测微器测量钢丝的直径计算得出，L 可用米尺等常规的测量器具测量，但 ΔL 由于其值非常微小，用常规的测量方法很难精确测量。本实验将用放大法——光杠杆镜尺法来测定这一微小的长度改变量 ΔL，图 2-10 是光杠杆的实物示意。

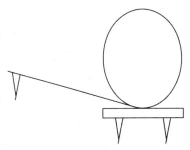

图 2-10　光杠杆的实物示意

光杠杆镜尺法的工作原理如图 2-11 所示。图中左侧曲尺状物为光杠杆，M 是反射镜，b 为光杠杆短臂的杆长，O 为光杠杆的固定端，光杠杆短臂的另一端则随被测钢丝的伸长、缩短而下降、上升，从而改变了 M 镜法线的方向。假设钢丝原长为 L，从一个调节好的位于图中右侧的望远镜看 M 镜中标尺像的读数为 x_1；而钢丝受力伸长后，光杠杆的位置发生变化，与原位置成 θ 角，此时从望远镜上看到的标尺像的读数变为 x_2。这样，钢丝的微小伸长量 ΔL，对应反射镜的角度变化量 θ，而对应的反射镜中标尺读数变化则为 $\Delta x = x_2 - x_1$。由光路可逆可以得知，Δx 对应反射镜的张角应为 2θ。从图 2-11 中用几何方法可以得出

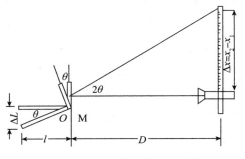

图 2-11　光杠杆镜尺法的工作原理

$$\theta \approx \tan \theta = \frac{\Delta L}{l} \qquad (2-17)$$

$$2\theta \approx \tan 2\theta = \frac{|x_2 - x_1|}{D} = \frac{\Delta x}{D} \qquad (2-18)$$

将式（2-17）和式（2-18）联立后得

$$\Delta L = \frac{l}{2D}\Delta x = \frac{l}{2D}(x_2 - x_1) \qquad (2-19)$$

式中：l 为光杠杆的后足尖到两个前足尖连线的距离；D 为反射镜镜面到尺面的距离；x_1 为未挂砝码时从望远镜中读出标尺刻度值；x_2 为挂上砝码时从望远镜中读出标尺刻度值。

将式（2-19）代入式（2-16）可得

$$Y = \frac{F}{S}\frac{L}{\Delta L} = \frac{4FL}{\pi d^2 \Delta L} = \frac{8FLD}{\pi d^2 l\ (x_2 - x_1)} \qquad (2-20)$$

四、实验内容

1. 弹性模量测定仪的调整

（1）调节弹性模量测定仪的底脚螺丝，使立柱处于垂直状态；旋松平台背后的制动螺丝，使圆柱体在平台孔内上下移动。调节支架底部的底脚螺丝，使圆柱体与孔壁之间无摩擦。

（2）将钢丝上端夹住，下端穿过钢丝夹子和砝码相连。

（3）将光杠杆放在平台上，调节平台的上下位置，尽量使三足在同一个水平面上，并使望远镜与反射镜的镜面竖直，同时使望远镜水平地对准反射镜。

2. 光杠杆及标尺的调节

光杠杆及标尺的调节过程如下：

（1）望远镜与反射镜的镜面保持垂直状态；

（2）望远镜和反射镜等高（直接比对）；

（3）望远镜筒轴线保持水平；

（4）望远镜与反射镜相距 1 m 左右；

（5）从望远镜上方调节，使得叉丝、标尺及标尺在反射镜中的像三者一线；

（6）正反调节望远镜，从望远镜中找到反射镜中标尺的像；

（7）仔细调节望远镜的目镜，直到使望远镜内的叉丝看起来清楚为止。

注意：调节望远镜时，要能清楚看到叉丝和标尺的像，并且当眼睛上下移动时，叉丝横线与标尺的刻度线之间没有相对移动。轻微改变反射镜面的倾角，或稍微移动标尺，使从望远镜中观察到的叉丝横线在标尺零刻度线附近。至此调节完毕，随后测量不得触动仪器。

3．测量

（1）将砝码托盘挂在下端，再放上一个或两个砝码成为本底砝码（无效砝码），拉直钢丝，记下此时望远镜中标尺所对应的刻度读数 x_1。

（2）顺次增加砝码 0.5 kg，读出每一个对应的标尺刻度值 x_2，x_3，$\cdots$，x_8 直至将砝码全部加完，然后再把增加的砝码依次逐个取下，记下对应的标尺刻度值 x'_7，x'_6，$\cdots$，x'_1，直至将砝码全部取完（不包括本底砝码），注意加减砝码时要轻放。由对应同一砝码值的两个读数求平均值 $\overline{x_1}$，$\overline{x_2}$，$\cdots$，$\overline{x_8}$，然后再分组对数据应用逐差法进行处理。

（3）用米尺测量出反射镜镜面到标尺面的距离 D，作单次测量。

（4）测量光杠杆常数 l。将光杠杆取下放在纸上，压出 3 个足迹，画出后足到前两足痕的连线的垂线。用游标卡尺测出垂足距离。

（5）测量钢丝的原始长度。用米尺测量钢丝上下夹头间的长度，也作单次测量。

（6）用螺旋测微器测量钢丝直径 d，要在钢丝不同部位进行多次测量，算出平均值。

五、数据记录及处理

（1）单次测得值：$D=$＿＿＿，$l=$＿＿＿，$L=$＿＿＿。

（2）将望远镜中标尺读数的数据填入表 2-16 中。

表 2-16　望远镜中标尺读数的数据记录及处理

测量次数	砝码质量 m /kg	望远镜中标尺的读数			Δx_i /cm
		加砝码时 x_i /cm	减砝码时 x'_i /cm	平均值 $\overline{x_i}$ /cm	
1	$m_1+0.5$				
2	$m_1+1.0$				
3	$m_1+1.5$				
4	$m_1+2.0$				
5	$m_1+2.5$				
6	$m_1+3.0$				
7	$m_1+3.5$				
8	$m_1+4.0$				

（3）将钢丝直径的测量数据填入表 2-17 中。

表 2-17　钢丝直径的测量数据记录及处理

测量次数	1	2	3	4	5	平均值
d /cm						

利用逐差法，则有

$$\overline{\Delta x}=\frac{\overline{\Delta x_1}+\overline{\Delta x_2}+\overline{\Delta x_3}+\overline{\Delta x_4}}{4}=\frac{(\overline{x_5}-\overline{x_1})+(\overline{x_6}-\overline{x_2})+(\overline{x_7}-\overline{x_3})+(\overline{x_8}-\overline{x_4})}{4}$$

根据求出 $Y = \dfrac{FL}{S\Delta L} = \dfrac{4FL}{\pi d^2 \Delta L} = \dfrac{8FLD}{\pi d^2 l \overline{\Delta x}}$，因本实验中 $\Delta x \approx \overline{\Delta x}$，故可用 Δx 代替求出 Y。

六、注意事项

实验仪器一经调节好并开始测量时，就不能再触碰实验仪器，否则需要重新开始。

七、思考题

除了光杠杆镜尺法，还有其他测量微小长度的方法吗？

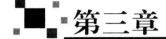

第三章
电磁学实验

实验一 伏安法测电阻、二极管的特性

根据欧姆定律，如果测出电阻两端的电压 U 及通过电阻的电流 I，则可计算出电阻值 $R(R = U/I)$，这种测量电阻的方法称伏安法。伏安法原理简单，测量方便，但由于电压表和电流表内阻往往给测量结果带来明显的系统误差，为减少误差，必须在实验中选择适当的实验方法和合适的仪器。

一、实验目的

1. 掌握测量电学元件伏安特性的基本方法（伏安法）及误差估算。
2. 测绘电阻和二极管的伏安特性曲线。
3. 学会 DH6101 型电阻元件 V–A 特性实验仪的使用方法。

二、实验仪器

DH6101 型电阻元件 V–A 特性实验仪。

三、实验原理

1. 伏安法测电阻（线性元件）的伏安特性

伏安法测电阻的原理（电流表外接法和电流表内接法）如图 3–1 和图 3–2 所示，用电表测得电阻的电压、电流后，通过欧姆定律 $R = U/I$，即可计算出电阻值。伏安法测电阻有电流表外接法和电流表内接法两种接线方法。由于电流表内阻的影响，因此不论采用哪一种接法总存在误差，但经修正后都可获得较正确的结果。

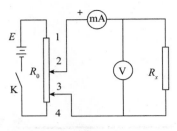

图 3-1　电流表外接法

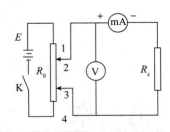

图 3-2　电流表内接法

（1）电流表外接法。

在电流表外接法（简称外接法，见图 3-1）中，电压表和待测电阻 R_x 并联后再与电流表串联，故电压表指示值就是 R_x 两端的电压 U_x；而电流表的指示值 I 却包含了通过电压表的电流 I_V，即

$$U = U_x \quad I = I_x + I_V$$

若用 R_V 表示电压表的内阻，则

$$I = I_x + I_V = U\left(\frac{1}{R_x} + \frac{1}{R_V}\right)$$

①理论值：求解上式可得用外接法测电阻的理论值（实际值）$R_x = U/(I - U/R_V)$。

②实验值：用外接法测得电阻实验值为 $R = U/I$，故测得值 R 小于实际值 R_x。

③外接法引入的误差：测量的相对误差为 $(R_x - R)/R_x = R/R_V$，因此，只有当 $R_V \gg R_x$ 时才可以用外接法。

（2）电流表内接法。在电流表内接法（简称内接法，见图 3-2）中电流表和待测电阻 R_x 串联后与电压表并联。故电流表指示值等于通过 R_x 的电流 I_x；而电压表的指示值 U 却包含了电流表两端的电压 U_A，即

$$I = I_x, \quad U = U_x + U_A$$

若 R_A 表示电流表的内阻，则

$$U = IR_x + IR_A = I(R_x + R_A)$$

①理论值：求解上式可得用内接法测电阻的理论值（实际值）为 $R_x = U/I - R_A$。

②实验值：用内接法测得电阻实验值为 $R = U/I$，即 $R = R_x + R_A$，故测得值 R 大于实际值 R_x。

③内接法引入的误差：测量的绝对误差为 R_A，相对误差为 $(R - R_x)/R_x = R_A/R_x$。

因此，当 $R_x \gg R_A$ 时，$R_x \approx R$，即电阻阻值较大时，可采用内接法。

实际测量时常采用多次测量的方法，改变测量电路中的电压和电流，得到一组电压值或电流值，作出元件伏安特性曲线。纯电阻的伏安特性曲线应该是一条通过原点的直线，利用作图法求出直线的斜率即可求出元件的电阻值。

2. 伏安法测二极管（非线性元件）的伏安特性

只有当正向电压达到某一数值（二极管的导通电压，锗管约为 0.2 V，硅管约为

0.6 V）以后，二极管才能真正导通。导通后二极管两端的电压基本上保持不变（锗管约为 0.3 V，硅管约为 0.7 V）。

二极管的正向伏安特性测试电路及其正向伏安特性分别如图 3-3、图 3-4 所示。电压表 V 指示着二极管的正向电压值，电流表 mA 指示着流过二极管的正向电流值。若将二极管的极性反向连接，按上述相同的方法测量，可得到二极管的反向伏安特性。

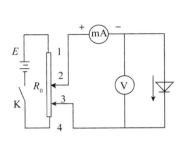

图 3-3　二极管的正向伏安特性测试电路

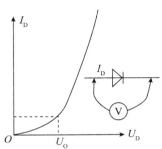

图 3-4　二极管的正向伏安特性

四、实验内容

1. 用外接法和内接法测量待测电阻的电阻值

（1）取电阻值 R_x 为 47 Ω 的电阻为待测电阻。

①直流毫安表的使用方法及量程的选择：将"+"端子与"200 mA"端子短路，则该电流表选择了 200 mA 的量程。"+"和"－"两端子按极性串接入要测量的电流支路中，表头将指示该支路电流的大小。

②电压表的使用方法及量程：输入电压的"－"端子接于"0 V"插座中；"+"端子按量程接于"20 V"插座中。

（2）按图 3-1 连接电路。可变电阻箱电阻：分压电阻取"9 × 100 Ω"和"9 × 10 Ω"左右；先将其"1""4"端子接电源"+""－"端子（"1"端子接电源"+"端子；"4"端子接电源"－"端子）；再从可变电阻箱"2（+）"端子开始按电流走向依次连接电流表和待测电阻，回到可变电阻箱的"3（－）"端子，注意电流表的极性，最后将电压表并联至电路中。经检查无误后，再接通电源。

（3）调节电源"粗调"和"细调"旋钮，使电流由小到大，测量 0 ~ 5 V 不同电压下的电流值记入表 3-1 中，并计算待测电阻的测量平均值 $\overline{R}$ 和理论值 R_x、相对误差 E_r。

（4）按图 3-2 连接电路，重复步骤（2）、（3），将结果记入表 3-2 中，并计算使用内接法时待测电阻的测量平均值 $\overline{R}$ 和理论值 R_x、相对误差 E_r。

（5）在坐标纸上绘制上述两种方法测量数据的伏安特性曲线。

2. 伏安法测二极管的伏安特性

（1）取二极管 IN4007（硅管）1 只，按图 3-3（电流表外接法：二极管加正向电压时，呈低电阻）连接电路，并预置 R_0 为最大值，保护电阻 R 为最大值，注意电表的极性。

（2）接通电源，注意观察有无异常情况发生，如有异常马上切断电源，根据现象检查故障。

（3）选定 U_D 的值（0.1~0.8 V），调节 R_0，测量不同电压下的电流值记入表 3-3 中，找出导通电压。

（4）将图 3-3 中的二极管极性反接，U_D 的值从 0~4 V 依次测量反向伏安特性，将结果记入表 3-4 中。

（5）在坐标纸上绘制二极管的正、反向伏安特性曲线。

（6）电流表和电压表的量程、内阻对应关系见表 3-5。

五、实验数据记录及处理

表 3-1　电流表外接法测电阻

电流表外接法		电压表量程：20 V		电流表量程：200 mA	
		电压表内阻 R_V：200 kΩ		电流表内阻 R_A：0.725 Ω	
电压/V	0	1	2	3	4	5
电流/mA						
电阻/Ω						
$\overline{R}$ = _____		R_x = _____		E_r = _____	

表 3-2　电流表内接法测电阻

电流表内接法		电压表、电流表的量程、内阻同表 3-1			
电压/V	0	1	2	3	4	5
电流/mA						
电阻/Ω						
$\overline{R}$ =		R_x =		E_r =	

表 3-3　电流表外接法测二极管的正向伏安特性

正向伏安特性，电压表量程：2 V					
电压/V	0.1	0.3	0.5	0.6	0.7	0.8
电流/mA						

表 3-4　电流表外接法测二极管的反向特性

反向伏安特性，电压表量程：20 V					
电压/V	0	0.5	1.0	2.0	3.0	4.0
电流/mA						

表 3-5　电流表和电压表的量程、内阻对应关系

电流表	量程	200 μA	2 mA	20 mA	200 mA	电压表	量程	200 mV	2 V	20 V
	内阻	725 Ω	72.5 Ω	7.25 Ω	0.725 Ω		内阻	2 kΩ	20 kΩ	200 kΩ

六、注意事项

（1）注意电表的极性。

（2）电流表必须串联在被测支路中，电压表必须与被测支路并联，否则将烧坏电表。

（3）严禁带电换接电路。

（4）本实验需在坐标纸上绘制 4 条伏安特性曲线：电流表外接法测电阻的伏安特性曲线；电流表内接法测电阻的伏安特性曲线；二极管的正向伏安特性曲线；二极管的反向伏安特性曲线。

七、思考题

1. 在图 3-1 和图 3-2 所示的电路中滑动变阻器 R_0 起什么作用？

2. 如何选择电表的量程才能使得由电表准确度引起的误差最小？

实验二　磁场的描绘

一、实验目的

1. 了解电磁感应法测磁场的原理。

2. 研究圆电流轴线上的磁场分布。

3. 考查亥姆霍兹线圈中的均匀磁场。

二、实验仪器

DH4501 型亥姆霍兹磁场测量仪（简称测量仪）包括：亥姆霍兹线圈、感应探测线圈、配套电源（励磁电源与读数仪表）。

亥姆霍兹线圈参数：线圈半径 $R = 102.5$ mm，匝数为 500。（新仪器的亥姆霍兹线圈半径为 105 mm，匝数为 400。）

感应探测线圈（探测线圈）参数：线圈外径 $D = 12$ mm，匝数为 800。（新仪器的感应探测线圈外径为 12 mm，匝数为 1 000。）

三、实验原理

磁场是由电流产生的，当载流线圈通上交流电流时，在其周围空间产生交变磁场；将

闭合回路置于交变磁场中，磁通量的变化使之产生感应电动势；通过测定感应电动势得到磁感应强度的大小。

1. 电磁感应法测磁场

当一个探测线圈置于一个交变的磁场 $B(t) = B_m \sin\omega t$ 中，通过它的磁通量为 $\varphi(t) = NB \cdot S = NSB_m \cos\theta \sin\omega t$，也是交变的。这里 S 是探测线圈的面积，N 是探测线圈的匝数，θ 是探测线圈法线与磁感应强度之间的夹角。根据电磁感应定律，探测线圈中感应电动势大小为 $\varepsilon = |d\varphi/dt| = NSB_m \omega \cos\theta \cos\omega t = \varepsilon_m \cos\omega t$，式中 $\varepsilon_m = NSB_m \omega \cos\theta$ 为探测线圈感应电动势的峰值。用交流电表接到线圈两端得到的是有效值，即毫伏表读数（有效值）U 与峰值 ε_m 之间的关系为：$U = \varepsilon_m / \sqrt{2} = (NS\omega / \sqrt{2}) B_m \cos\theta$。当 $\theta = 0°$，即探测线圈法线方向与磁场方向平行时，毫伏表读数最大，有 $U_m = (NS\omega / \sqrt{2}) B_m \cos 0°$，即

$$B_m = (\sqrt{2}/NS\omega) U_m \tag{3-1}$$

利用这样的关系就可以通过读出毫伏表示数最大值而得到磁场的大小。

2. 利用毫伏表读数的最大值探测 B 的大小

圆电流及轴线上的磁场分布如图3-5所示。

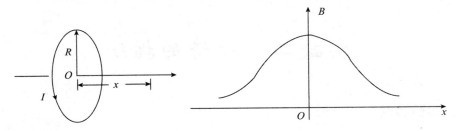

图3-5　圆电流及轴线上的磁场分布

本实验中通入线圈的电流按正弦规律变化 $I(t) = I_m \sin\omega t$，其中，$I_m = \sqrt{2} I$（I_m 为电流的幅值，I 为有效值，即电流表的读数），那么磁感应强度 B 随时间 t 也按正弦规律进行变化：$B(t) = B_m \sin\omega t$。

利用毕奥-萨伐尔定律可以求得圆电流轴线上磁场分布公式（见祝之光《物理学》第四版），即

$$B_{mx} = B_{m0} \left[1 + (x/R)^2 \right]^{-\frac{3}{2}} \tag{3-2}$$

$$B_{m0} = \frac{\mu_0 N I_m}{2R} = \frac{\mu_0 N \sqrt{2} I}{2R} \tag{3-3}$$

式中：μ_0 为真空磁导率；R 为圆电流半径；N 为圆电流线圈匝数；I 为单匝线圈中的电流强度的有效值；B_{mx} 为 x 处的磁感应强度；B_{m0} 为原点的磁感应强度。

由于式（3-3）由毕奥-萨伐尔定律导出，故验证此式即验证毕奥-萨伐尔定律。利用式（3-2）和式（3-3）可得

$$\left(\frac{B_{mx}}{B_{m0}}\right)_{理论值} = \left[1 + \left(\frac{x}{R}\right)^2\right]^{-\frac{3}{2}} \tag{3-4}$$

式（3-4）中的比值为理论计算值。

在实验中，将探测线圈放到距线圈中心为 x 的位置，转动探测线圈使 $\theta = 0°$（探测线圈平面的法线方向与磁场方向平行），则此时毫伏表的读数最大。这时根据式（3-1），位于中心（圆心）处的磁感应强度与距离中心为 x 处的磁感应强度比值和电压之间的关系为

$$\frac{U_x}{U_0} = \left(\frac{B_{mx}}{B_{m0}}\right)_{实验值} \tag{3-5}$$

此比值为实验值。其中，U_x 表示距离中心为 x 处的电压读数最大值，U_0 表示中心处的电压读数最大值，通过毫伏表的读数即可求得磁感应强度的相对值。

3. 利用毫伏表读数的最小值探测 B 的方向

B 的方向本来可以根据毫伏表读数达到最大值时探测线圈的法线方向来指定，但由于此法灵敏度不高，磁场方向不一定准，因此采用转动探测线圈的方位使毫伏表读数最小（实际为零）来判断磁场的方向较为准确。因为当探测线圈的法线与磁感应强度 B 方向垂直时电压为零，即毫伏表读数最小时就可以准确判定磁场的方向一定是在探测线圈法线的垂直方向上。这就是利用毫伏表读数的最小值来确定磁场方向的具体含义。

4. 亥姆霍兹线圈

一对半径和匝数都相同的线圈，彼此平行且共轴，间距等于它们的半径。当两线圈通以大小、方向都相同的电流时，则在两线圈中心连线的中点附近形成均匀磁场。亥姆霍兹线圈及其中心连线的中点附近的均匀磁场分布如图 3-6 所示。

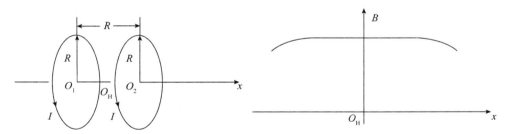

图 3-6　亥姆霍兹线圈及其中心连线的中点附近的均匀磁场分布

四、实验内容

1. 测量圆电流在轴线上的磁场分布

（1）接线：以左线圈为例，把左线圈（励磁线圈左）与测量仪的"激励电流"端子相连以通入交变电流；将探测线圈（输出电压）与测量仪的"感应电压"端子相连以接通毫伏表（接线前注意把电流调节器向左旋至最小）。通电后，调节电流至 $100\ mA$，$f = 50\ Hz$（测量过程应保持此值不变）。

（2）以左线圈中心为坐标原点，将探测线圈沿轴线每隔 10 mm 测一个毫伏表读数的最大值 U_x，并保证探测线圈法线方向与圆线圈轴线的夹角为 0°。（注意：圆电流的原点与尺子上轴向距离的零点不重合，对于大部分仪器，左侧圆电流 $\Delta x = 0$ 的点位于尺子的 $x = -52.5$ mm 附近，右侧圆电流 $\Delta x = 0$ 的点位于尺子的 $x = 52.5$ mm 附近。）

（3）列表记录圆电流轴线上磁场分布测量数据（$x = -60, -50, -40, \cdots, -20, -10, 0, 10, 20, 30, \cdots, 60$），按式（3-4）计算理论值，按式（3-5）计算实验值，分别填入表 3-6 中，并将实验值和理论值进行比较。

（4）在坐标纸上以 x 为横坐标，B_{mx}/B_{m0} 为纵坐标作出实验和理论分布曲线。

2. 测量亥姆霍兹线圈轴线上的磁场分布

（1）把左右两线圈串联后接入"激励电流"端子，调节电流至 100 mA，$f = 50$ Hz。将探测线圈（输出电压）接通测量仪的"感应电压"，以两圆线圈圆心连线的中点为坐标原点 O，测量亥姆霍兹线圈轴线上的电压分布，得到磁场分布，填入表 3-7 中，并在坐标纸上画出实验曲线。

（2）将探测线圈在 O 点沿径向测出感应电压等于 U_0 的各点，填入表 3-8 中，并由此画出均匀磁场区域（测量亥姆霍兹线圈径向的磁场分布时可根据对称性测一个象限即可）。

五、数据记录及处理

表 3-6　圆电流轴线上磁场分布测量数据记录

离开原点距离 x/mm	-60	-50	-40	-30	-20	-10	0	10	20	30	40	50	60
毫伏表读数 U/mV													
$\left(\dfrac{B_{mx}}{B_{m0}}\right)_{实验值}$													
$\left(\dfrac{B_{mx}}{B_{m0}}\right)_{理论值}$													

表 3-7　亥姆霍兹线圈轴线上磁场分布测量数据记录

轴向距离 x/mm	-50	-40	-30	-20	-10	0	10	20	30	40	50
毫伏表读数 U/mV											
$\left(\dfrac{B_{mx}}{B_{m0}}\right)_{实验值}$											

表 3-8　亥姆霍兹线圈径向的磁场分布测量数据记录

径向距离 x/mm					
毫伏表读数 U/mV					

六、注意事项

（1）注意保证亥姆霍兹线圈串联时的正确接线方式，否则会产生反向磁场相互抵消。

（2）探测线圈中心底座下的定位针用来确定磁场中待测点的位置，底座上常有刻度盘，测量过程中保证探测线圈法线方向与圆线圈轴线的夹角为0°。

七、思考题

1. 为什么测定圆电流轴线上 $\dfrac{U_x}{U_0} - x$ 关系，便能确定 $\dfrac{B_{mx}}{B_{m0}} - x$ 的分布规律？

2. 如何测定磁场的方向？为什么不用转动探测线圈寻找使毫伏数读数最大，来判断磁场方向的方法？

3. 探测线圈轴线与磁力线垂直时，毫伏表的读数是否为零？实验时毫伏表读数是否为零？为什么？

实验三 静电场的模拟测绘

一、实验目的

1. 学习用模拟法测绘静电场的分布。

2. 加深对静电场的特性理解。

二、实验仪器

YJ-MJ-Ⅱ型模拟静电场描绘仪，装有被模拟电场电极的水槽，探针。

三、实验原理

测出电流场中的电位分布（等位面），根据电场线与等位面垂直的特点，画出电场线，得到用电场线描绘的电场分布。

1. 模拟法

电场可以用电场强度 E 描述，也可以用电位的空间分布描述。电位是标量，在计算与测量电场分布时更具有方便性。

带电体周围的电场，除电荷分布比较规则的简单情况外，一般很难用数学公式计算出电场中的电位分布，只能用实验的方法测出。但对静电场而言直接测量它的电位分布是很困难的，因为探测元件放入静电场后受电场作用会产生感应或束缚电荷，从而引起被测静电场分布产生畸变。另外，一般电学测量中所用的磁电式电流表，需要一定的电流通过才能工作，而静电场中不会有电流，所以不能用它测量静电场中的电位分布。为了克服这一困难，可以选择某种与静电场规律相似而又易于测量的其他电场代替静电场，测出替代场的分布，利用相似性，便可得到静电场的分布，这种方法称之为模拟法。

本实验用电流场模拟静电场测绘带电体周围的电场分布。

2. 原理

电流场与静电场是两种不同的场，但电磁理论表明，稳恒电流中的电流场与静电场具有相同的空间分布规律。例如：在场强为 E 的匀强静电场中，沿电场方向上一段距离 Δl 的电位降为 $\Delta V' = E\Delta l$，而在一段电导率为 σ、长为 Δl 的均匀导电介质中，沿稳恒电流 I 方向上的电位降为

$$\Delta V'' = I\Delta R = I\frac{1}{\sigma}\frac{\Delta l}{S} = \frac{j}{\sigma}\Delta l \qquad (3-6)$$

式中：ΔR 是沿电流 I 方向上一段长为 Δl、截面积为 S 的导电介质的电阻；j 是电流密度。

由于电流密度 j 与电场强度 E 之间的关系遵从欧姆定律的微分形式：$j = \sigma E$，故式（3-6）可写成

$$\Delta V'' = E\Delta l \qquad (3-7)$$

式（3-7）与上文静电场的电位降公式的形式完全相同，从而证明了稳恒电流场与静电场的相似性，它们具有相同的分布规律，因此可以用稳恒电流场模拟描绘静电场。

实验时，把具有与被模拟的静电场中的带电体一样形状的导体作为电极放入导电介质中，并使其在导电介质中的位置与相应带电体在静电场中的位置一样。然后使其带电，且每个导体（电极）上的电位与静电场中相应带电体上的电位相等，那么电流场中的电位分布便与被模拟的静电场中的电位分布完全一样。测出电流场中的电位分布（等位面），再根据电场线与等位面垂直的特点，画出电场线，得到用电场线描绘的电场分布。

四、实验内容

（1）在水槽中导入适量水，然后接好电路，如图 3-7 所示（输出红黑接线对应水槽上的红黑接线，输入对应探针）。

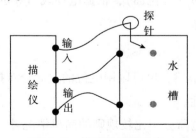

图 3-7　描绘仪连线示意

（2）对应电极坐标系在坐标纸相应的位置上画出电极的位置。

（3）用金属探针在电极间测出电位相同的点，并在坐标纸上描出相应的点，将等位点连成等位线，分别绘出所需等位线（最少5条，每条等位线的实测点不少于9个）。

（4）根据电场线与等位线垂直的关系画出各组电极（长平行导线、长平行板）的电场线。

五、数据记录及处理

（1）将等位点连成光滑曲线（等位线）。

（2）根据电场线与等位线垂直的特点，画出被模拟空间的电场线。（测量平行长圆柱体及平行板电场分布，根据测量结果在坐标纸中画出平行长圆柱体电场分布。）

长平行导线和平行板的电场分布如图3-8所示（图中，虚线为等位线，实线为电场线）。

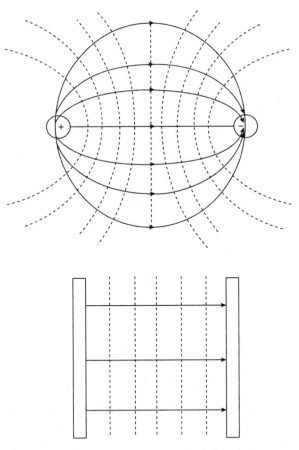

图3-8　长平线导线和平行板的电场分布

实验四　惠斯通电桥测电阻

一、实验目的

1. 掌握电桥的比较法测量原理。
2. 学会用惠斯通电桥测量电阻。
3. 了解惠斯通电桥的结构和使用方法。

二、实验仪器

数显直流单臂电桥、电阻箱。

三、实验原理

（1）电桥是一种用比较法进行测量的装置，具有灵敏度和准确度都较高的特点，可广泛应用于测量电阻、电容、电感、频率、温度、压力等许多电学量和非电学量，也可应用于近代工业生产的自动控制和自动检测中。根据用途不同，电桥可分为直流电桥和交流电桥两大类。按测量范围，直流电桥又分为单臂电桥（即惠斯通电桥）和双臂电桥（即开尔文电桥）两类。单臂电桥可测量 $10 \sim 10^6\ \Omega$ 范围内的电阻，双臂电桥可测量 $10^{-3} \sim 10\ \Omega$ 范围内的电阻。

（2）惠斯通电桥是一种最常用的直流单臂电桥，其基本原理如图 3-9 所示。

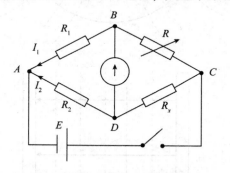

图 3-9　惠斯通电桥的基本原理

图 3-9 中，R_1、R_2 和 R 为电阻值已知的标准电阻，它们和待测电阻 R_x 连成一个平行四边形，每一条边称为电桥的一个臂，其中，R_1 和 R_2 是电桥的比率臂，R 为比较臂，R_x 为待测电阻。对角 A 和 C 之间接有电源 E，对角 B 点和 D 点之间接有检流计，成为桥路。若调节 R 使桥路两端 B 点和 D 点之间的电位相等，则检流计中电流为零，电桥达到平衡，这时有

$$\begin{cases} I_1 R = I_2 R_x \\ I_1 R_1 = I_2 R_2 \end{cases}$$

上面两式相除可得：$R_x = \dfrac{R_2}{R_1} R = CR$，其中，$C = \dfrac{R_2}{R_1} = \dfrac{R_x}{R}$ 称为比率臂的倍率。可见，待测电阻 R_x 可以仅从 3 个标准电阻的值来求得，这一过程相当于把 R_x 和标准电阻相比较。这就是电桥的比较法测电阻的原理。

四、实验内容

（1）打开仪器电源开关，将面板检流计外接，接入待测电阻，其标准值为 R_{xB}。

（2）根据 R_{xB} 的值选择电源电压和倍率，也记入表格。"B""G"都不按下，将检流计调零。

（3）按下"B"后轻按"G"，调节 R（测量盘）使检流计指零（若显示为"+"，应加大 R；若显示为"−"；则减小 R），记录此时的 R 值，得测得值 R_x：

$$R_x = CR$$

断开时先断开"B"再断开"G"。

（4）更换待测电阻，重复上述步骤，再做两组。

（5）电桥使用完毕后，断开电源。

五、数据记录及处理

惠斯通电桥测电阻的数据填入表 3–9 中。

表 3–9　惠斯通电桥测电阻的数据记录及处理

R_{xB}	电源	倍率 C	R	R_x	$E_r /\%$
6.6 Ω					
66.6 Ω					
666.6 Ω					
6.666 kΩ					
66.66 kΩ					

注：表中相对误差 $E_r = \dfrac{|R_x - R_{xB}|}{R_{xB}} \times 100\%$。

六、注意事项

调节电桥平衡前一定要将检流计调零。

七、思考题

1. 试分析产生误差的原因。

2. 何谓比较法？实验中用哪两个物理量进行比较？

3. 为什么"G"要用按钮开关而不用一般的开关？

4. 惠斯通电桥中选择倍率 C 时应注意什么？

[附] 仪器使用说明和主要规格

一、仪器使用说明

（1）在仪器的后面，用专用导线接通 AC220V，并开启电源开关。并将"G"的"外"端钮与中间的端钮可靠短接。

（2）将待测电阻接至"R_x"接线柱，估计待测电阻的值。根据表 3-8 选择好量程倍率及电源电压，并将"倍率"开关及"电源选择"开关打在合适的挡位。调节"调零"旋钮，使数显指示仪为零。

（3）按下"B"按钮，然后轻按"G"按钮，调节测量盘，使电桥平衡（数显指示仪为零）。如果电桥无法平衡，数显指示仪向"+"方向数字增大，应增加电桥测量盘示值，如果电桥仍无法平衡，说明 R_x 值大于该量程的上限值，则应将"倍率"开关打大一挡，再次调节四个测量盘，使电桥平衡。反之，当第 I 测量盘打至"0"位，数显指示仪向"−"方向数字增大，应减少电桥测量盘示值，如电桥仍无法平衡，则应将"倍率"开关减小一挡，在调节测量盘使电桥平衡。

提示：从量程盘最大挡开始，可先估计 R_x（一般已知）选挡，然后依次由大挡向小挡调节，使数显指示仪为零；调节时逐渐增大本挡示值，出现"−"则减小示值，增大其相邻挡示值，依次进行上述操作。

R_x 的计算公式为 R_x =倍率×量程盘示值之和。

当 R_x 值超过 1 MΩ 时，或在测量中内附数显指示仪灵敏度不够时，需外接高灵敏的检流计，以保证测量的可靠性（此时应将"G"三接线柱中间的与"内"接线柱用短路板短接，外检流计接在中间与"外"接线柱上）。

在电桥使用中，必须用上第 I 测量盘（×1 000），即第 I 测量盘不能置于"0"，以保证测量的准确度。

在测量含有电感的待测电阻器（如电动机、变压器等）时，必须先按"B"按钮，然后再按"G"再钮，如果先按"G"，再按"B"，就会在按"B"的一瞬间，因自感而引起逆电势对检流计产生冲击导致损坏检流计。断开时，应先放开"B"再放开"G"。

测试时，如需锁住"B""G"按钮，将按钮旋转 90°即可锁住。测试完毕后，应松开。

电桥使用完毕后，应切断电源。

二、仪器主要规格

（1）仪器的主要规格如下。

总有效量程：$0 \sim 9.999$ MΩ。

量程：10 Ω ~ 9.9 kΩ。

准确度等级：0.2。

测量盘：9×1 Ω $+9 \times 10$ Ω $+9 \times 100$ Ω $+9 \times 1\ 000$ Ω。

残余电阻：≤ 0.02 Ω。

倍率：$\times 0.001$、$\times 0.01$、$\times 0.1$、$\times 1$、$\times 10$、$\times 100$、$\times 1\ 000$。

（2）电桥基本误差的允许极限见表3-10。

表3-10　电桥基本误差的允许极限

倍率	有效量程	分辨力	电源
$\times 0.001$	$0 \sim 9.999$ Ω	0.001 Ω	3 V
$\times 0.01$	$0 \sim 99.99$ Ω	0.01 Ω	
$\times 0.1$	$0 \sim 999.9$ Ω	0.1 Ω	
$\times 1$	$0 \sim 9.999$ kΩ	1 Ω	
$\times 10$	$0 \sim 99.99$ kΩ	10 Ω	6 V
$\times 100$	$0 \sim 999.9$ kΩ	100 Ω	15 V
$\times 1\ 000$	$0 \sim 9.999$ MΩ	1 kΩ	

操作中易出现的问题为："B""G"按下后不弹起，此时屏幕上显示"1"。此时向上拨起"B""G"即可。

实验五　多量程直流数字电压表的设计与制作

一、实验目的

1. 了解多量程直流数字电压表的特性及组成。

2. 掌握分压电路的计算机连接。

3. 学会多量程直流数字电压表的校准方法和使用方法。

二、实验仪器

WS-I数字万用表设计性实验仪（WS-I实验仪）、三位半或四位半数字万用表。

三、实验原理

直流电压测量电路的原理为：在数字电压表前加一级电路（分压器）可扩展数字电压表测量的量程，如图 3-10 所示。

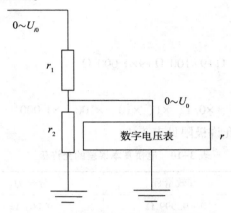

图 3-10　直流电压测量电路的原理

在图 3-10 中，U_0 为数字电压表的量程（如 200 mV），r 为其内阻（如 10 MΩ），r_1、r_2 为分压电阻，U_{i0} 为扩展后的量程。由于 $r \gg r_2$，所以分压比为 $\dfrac{U_0}{U_{i0}} = \dfrac{r_2}{r_1 + r_2}$；扩展后的量程为 $U_{i0} = \dfrac{r_1 + r_2}{r_2} U_0$。

多量程分压器的电路见图 3-11。5 挡量程的分压比分别为 1、0.1、0.01、0.001、0.000 1 V，对应量程分别为 2 000、200、20、2、200 mV。

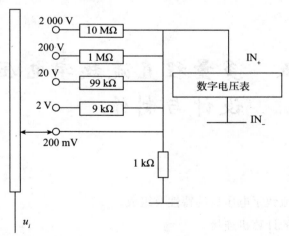

图 3-11　多量程分压器的电路

采用上图的多量程分压器电路虽可扩展数字电压表的量程，但在小量程挡明显降低了数字电压表的输入阻抗，这是实际使用中所不希望的。（因为数字电压表的输入阻抗越高，对被测电路影响越小，测量准确性也越高。）所以实用分压器的电路如图 3-12 所示，它能在不降低输入阻抗的情况下，达到同样的效果。

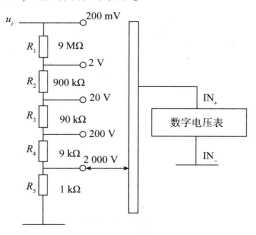

图 3-12　实用分压器的电路

例如，上图中 200 V 挡的分压比为

$$\frac{R_4 + R_5}{R_1 + R_2 + R_3 + R_4 + R_5} = \frac{10\ \text{k}\Omega}{10\ \text{M}\Omega} = 0.001$$

其余各挡的分压比可用同样方法算出。实际设计时是根据各挡的分压比和总电阻来确定各分压电阻的，如先确定

$$R_{和} = R_1 + R_2 + R_3 + R_4 + R_5 = 10\ \text{M}\Omega$$

再计算 2 000 V 挡的电阻：$\dfrac{R_5}{R_{和}} = \dfrac{U_0}{U_{i0}} = \dfrac{200\ \text{mV}}{2\ 000\ \text{V}} = 0.000\ 1$。所以，$R_5 = 0.000\ 1 \times R_{和} = 10^{-4} \times 10 \times 10^6 = 10^3 = 1\ \text{k}\Omega$，再逐挡计算 R_4、R_3、R_2、R_1。

注意：尽管上述最高量程挡的理论值是 2 000 V，但通常的数字万用表出于耐压和安全的考虑，规定最高电压为 1 000 V。

四、实验内容

1. 制作 200 mV（199.9 mV）直流数字电压表并校准

使用电路单元：三位半数字万用表、直流电压校准电阻、待测直流电压源。

制作步骤如下。

（1）按图 3-13 接线。参考电压输入端 $V_{\text{REF+}}$ 接直流电压校准电阻。左数第三位小数点 dp_3 接到量程转换单元的动片 1 插孔以获得一位小数点的显示。

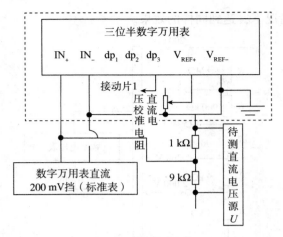

图 3-13　电路连线图

（2）利用待测直流电压源 U 和分压电阻获得 150 mV 左右的校准电压。

（3）把一只数字万用表置于直流 200 mV 挡与三位半数字万用表输入端（IN$_+$、IN$_-$）并联，调整"直流电压校准"旋钮，使三位半数字万用表读数与数字万用表读数一致（允许误差 ±0.5 mV）。

（4）保留虚线框内的线路，拆去其余部分。

2. 扩展数字电压表成为多量程直流数字电压表

使用电路单元：三位半数字万用表，直流电压校准电阻，分压器 1 或分压器 2，量程转换与测量输入。具体步骤如下。

（1）按图 3-11（用分压器 1）接线；或按图 3-12（用分压器 2）接线，使动片 2 作为量程转换开关。

（2）按图 3-14 接线，使动片 1 作为控制小数点显示的开关。

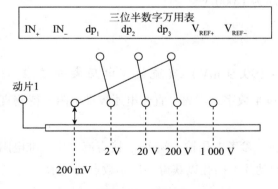

图 3-14　接线图

（3）将动片 2 与三位半数字万用表输入端（IN$_+$）相连。

（4）将数字电压表的正极（+）接图 3-12 中的分压器 9 MΩ 下面的插孔。

（5）将数字电压表的负极（-）接地。

3．用自制电压表测直流电压

用自制电压表（前文制作的多量程直流数字电压表）测直流电压的步骤如下。

（1）测量 5 号电池的端电压（标称值 1.5 V）。

（2）测量 6F22 电池的端电压（标称值 9 V）。

（3）将自制电压表的量程转换至 20 V 挡，测量 WS-I 实验仪上的待测直流电压的可调范围。调节"直流电压电流"单元的电阻，可改变直流电压 U 的大小和极性；将电流 I 两端连通，构成电流回路，电路中的发光二极管（LED）可能会发光，可以观测电压 U 对发光状态的影响。

将自制电压表的量程转换至 2 V 挡，测量发光二极管（LED）的正向压降。

（4）测量光电池的端电压。将自制电压表连接于光电池的两端，改变光照强度，观察电压变化的情况，并记录下来。

五、数据记录及处理

1．图 3-12 分压器电路中电阻的阻值计算

举例来说，R_5、R_4 的计算公式为

$$R_5 = R_总 \frac{U_0}{U_{m5}} = 10^7 \times \frac{0.2}{2\,000} = 10^3 = 1 \text{ k}\Omega$$

$$R_4 = R_总 \frac{U_0}{U_{m4}} - R_5 = 10^7 \times \frac{0.2}{200} - 10^3 = 10^4 - 10^3 = 9 \text{ k}\Omega$$

式中：U_0 为表头量程；U_{m5}、U_{m4} 分别为第五、第四挡的量程。

请计算：$R_3 = $ _____；$R_2 = $ _____；$R_1 = $ _____。

2．直流电压测量结果

（1）5 号电池的端电压为 _____。

（2）6F22 电池的端电压为 _____。

（3）待测直流电压的可调范围：_____。

（4）光电池的端电压为 U_G，光强较弱时 $U_G = $ _____。光强较强时 $U_G = $ _____。

（5）发光二极管（LED）的正向压降为 _____。

六、注意事项

（1）实验时应当"先接线，再加电；先断电，再拆线"，加电前应确认接线无误，避免短路。

（2）当数字万用表最高位显示"1"（或"-1"）而其余位都不亮时，表明输入信号过大，即超量程。此时应当尽快换大量程挡或减小（断开）输入信号，避免长时间超量程。

（3）自锁紧插头插入时不必太用力就可接触良好，拔出时应手捏紧插头旋转一下就可轻易拔出，应避免硬拔、硬拽导线，以防拽断线芯。

七、思考题

三位数字万用表和四位半数字万用表的主要区别是什么？

第四章
光学实验

实验一　用牛顿环测平凸透镜的曲率半径

一、实验目的

1. 观察等厚干涉现象。
2. 用干涉法测量平凸透镜的曲率半径。

二、实验仪器

钠光灯、读数显微镜（附45°玻璃片）、牛顿环装置一套。

三、实验原理

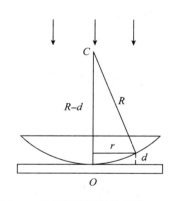

图4-1　牛顿环装置结构示意

在一块平面玻璃上，放一曲率半径很大的平凸透镜，在二者之间形成一厚度由接触点向外逐渐增加的空气薄膜（如图4-1所示）。这种薄膜与劈形膜类似，只是上表面是弯曲的。设平凸透镜中心与平面玻璃的接触点为 O，当平行单色光垂直照向平凸透镜时，由透镜下表面反射的光线和平面玻璃上表面反射的光线发生干涉，将在平凸透镜下表面呈现以 O 点为圆心的一组明暗相间的同心圆环（见图4-2），这种等厚干涉条纹称为牛顿环，习惯上把产生牛顿环的光学器件称为牛顿环装置。

图 4-2　牛顿环图样

由图 4-1 可以看出两束相干光的光程差为

$$\delta = 2d + \lambda/2 \tag{4-1}$$

式（4-1）已考虑了半波损失，由图 4-1 中的几何关系可知

$$r^2 = R^2 - (R - d)^2 = 2Rd - d^2$$

由于 $d \ll R$ ，所以上式可近似为

$$r^2 \approx 2Rd$$

也可写为

$$d = \frac{r^2}{2R} \tag{4-2}$$

由暗条纹（暗环）产生的条件：$\delta = k\lambda + \lambda/2$，$k = 0$，$\pm 1$，$\pm 2$，…，并利用式（4-1）和式（4-2）可得策 k 级暗环的半径为

$$R = \frac{r^2}{k\lambda} \tag{4-3}$$

为了保证测量的精度，实验中通常采用多次测量暗环直径的方法。如图 4-3 所示，设 m 级暗环的直径 $D_m = x'_m - x_m$（x'_m、x_m 的值由读数显微镜测量）。

利用式（4-3）可得

$$D_m = 2r_m \ , \ D_m^2 = 4r_m^2 = 4Rm\lambda \tag{4-4}$$

对于 n 级暗环同样有

$$D_n^2 = 4r_n^2 = 4Rn\lambda \tag{4-5}$$

利用式（4-4）和式（4-5）可得平凸透镜的曲率半径为

$$R = \frac{(D_m^2 - D_n^2)}{4(m-n)\lambda} \tag{4-6}$$

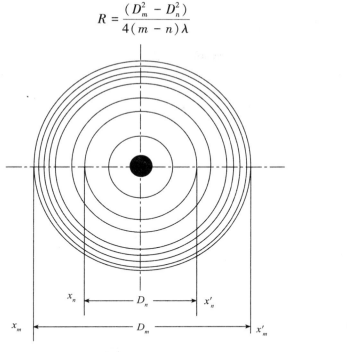

图4-3 牛顿环暗环直径测量示意

四、实验内容

（1）调节牛顿环装置上的3颗螺丝，用眼睛看到中央出现的牛顿环。

（2）将牛顿环装置放在读数显微镜下，并将读数显微镜的物镜位置调节至最低处，保证牛顿环的中心与物镜中心对齐。

（3）打开钠光灯，调整钠光灯的高度和读数显微镜下玻璃片的角度（玻璃片与水平面呈45°），保证从钠光灯发出的光经过玻璃片反射后能够垂直照射在牛顿环装置上。

（4）向上缓慢地调节读数显微镜直至找到干涉条纹。如果找不到，可微调玻璃片的角度或牛顿环装置的位置，重新尝试。

（5）微调玻璃片的角度使读数显微镜中干涉条纹亮度达到最大，微调牛顿环装置的位置或者通过摇动测微鼓轮改变读数显微镜的位置，使读数显微镜的叉丝和牛顿环的中心大致重合。

（6）根据读数显微镜的微调范围确定选环的级数，且横线与侧移方向一致，然后移动测微鼓轮，从左向右依次记下欲测的各级条纹在中心两侧的位置坐标，代入式（4-6），计算平凸透镜的曲率半径 R 。

五、数据记录及处理

按照表4-1的内容进行测量和记录数据，其中，m 为暗环的级数，中央暗环为第0级暗环，向外依次为第 1 级暗环、第 2 级暗环、……、第 m 级暗环。表 4-1 中的波长为钠光灯的波长，数值为 589.3 mm。

表 4-1　牛顿环测量数据记录

m 级环	m	20	19	18	17	16
位置/mm	左					
	右					
m 级环直径 D_m/mm						
n 级环	n	10	9	8	7	6
位置/mm	左					
	右					
n 级环直径 D_n/mm						
$(D_m^2 - D_n^2)$/mm^2						
R/mm						
波长 $\lambda = $ _____						

根据表 4-1 中的数据计算出平凸透镜曲率半径的平均值 $\overline{R}$，并进行误差分析。

六、注意事项

（1）牛顿环装置、读数显微镜表面要保持清洁，不要用手触摸。

（2）读数显微镜的测微鼓轮在测量过程中只能向一个方向旋转，中途不能翻转。

七、思考题

1. 简述牛顿环干涉条纹的特点。

2. 如何用此实验测量波长？

3. 如何用牛顿环来检测光学平板的平整度？

4. 牛顿环的中心是明条纹还是暗条纹？为什么？

实验二　用迈克尔逊干涉仪测量激光波长

一、实验目的

1. 了解迈克尔逊干涉仪的工作原理，学会光路调整和读数方法。

2. 掌握迈克尔逊干涉仪测量激光波长的方法。

二、实验仪器

迈克尔逊干涉仪、He-Ne 激光器、扩束镜、光具座。

三、实验原理

迈克尔逊干涉仪是利用分振幅法产生干涉现象的仪器，图 4-4 为迈克尔逊干涉仪实物，其工作原理如图 4-5 所示，图中：S 为 He-Ne 激光器；G_1 是分束板；G_1 的右表面镀有半反射膜，使照在上面的光线一半反射另一半透射；G_2 为补偿板；M_1、M_2 为平面反射镜；L 为凸透镜。

图 4-4 迈克尔逊干涉仪实物

He-Ne 激光器 S 发出的光经凸透镜 L 扩束后，射入 G_1，在半反射面上分成两束光：光束①经 G_1 内部折向 M_1，经 M_1 反射后返回，再次穿过 G_1，到达观察屏 M_3；光束②透过半反射面，穿过补偿板 G_2 射向 M_2，经 M_2 反射后，再次穿过 G_2，由 G_1 右表面反射到达观察屏 M_3。两束光在观察屏相遇发生干涉。

补偿板 G_2 的材料和厚度都和 G_1 相同，并且与 G_1 平行放置。考虑到光束①3 次穿过玻璃板，G_2 的作用是保证光束②也 3 次穿过玻璃板，从而使两光路条件完全相同，提高干涉条纹的分辨率。

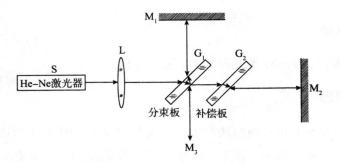

图4-5　迈克尔逊干涉仪的工作原理

为了方便计算光程差，采用等效光路的方法。如图4-6所示，将 G_1 的右表面也视为平面镜，光束①经 G_1 和 M_1 两次反射，其在 M_1 中的等效像点为 S_1，S_1 与观察屏的距离为

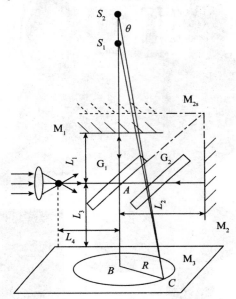

图4-6　迈克尔逊干涉仪的光程差

$$S_1 B = L_3 + 2L_1 + L_4$$

同理，光束②经 M_2 和 G_1 两次反射后在 M_2 中的等效像点为 S_2，S_2 与观察屏的距离为

$$S_2 B = L_3 + 2L_2 + L_4$$

由此可得，两束光到达观察屏 M_3 上 C 点的光程差为

$$\delta = S_2 C - S_1 C = \sqrt{R^2 + (L_3 + 2L_2 + L_4)^2} - \sqrt{R^2 + (L_3 + 2L_1 + L_4)^2} \tag{4-7}$$

迈克尔逊干涉仪的干涉条纹为明暗相间的同心圆环，明环和暗环中心位置可由干涉原理得到。

亮条纹（明环）的产生条件为

$$\delta = k\lambda \qquad k = 0, \pm 1, \pm 2, \cdots \tag{4-8}$$

暗条纹（暗环）的产生条件为

$$\delta = (k + 1/2)\lambda \qquad k = 0, \ \pm 1, \pm 2, \cdots \tag{4-9}$$

当 $R = 0$ 时，即干涉条纹中心位置，由式（4-7）可得光程差为 $\delta = 2(L_2 - L_1) = S_1 S_2$。当 $R \neq 0$ 时，$\delta = S_2 C - S_1 C < S_1 S_2$，因此，中央条纹光程差最大、级数最高，随着 R 的增大，光程差减小，条纹的级数变小。当 $R \ll 2L_1 + L_3 + L_4$ 时，θ 很小，此时有

$$\delta \approx 2(L_2 - L_1)\cos\theta \tag{4-10}$$

对于屏幕中心，$\theta \approx 0$，式（4-10）简化为

$$\delta \approx 2(L_2 - L_1) = 2h$$

其中，$h = L_2 - L_1$ 为 M_1 和 M_2 的像之间的距离。

暗条纹的半径可由式（4-9）和式（4-10）计算得出，实验中经常通过改变 L_1（M_1 的位置）来观察干涉条纹的变化情况。当 $L_1 < L_2$ 时（图4-6中的情况），增大 L_1，两束光到达 C 点的 δ 变小，该位置处的 k 级条纹的位置向光程差增大的方向移动，即半径变小，条纹向中心收缩；反之，当 L_1 减小时，k 级条纹向外扩展，中心条纹一个个"冒出"。同理，当 $L_1 > L_2$ 时，增大 L_1，中心条纹"冒出"；减小 L_1，条纹向中心"缩进"。条纹改变数 Δk 与 M_1 位置变化 $\Delta L_1 = \Delta h$ 之间的关系为

$$\lambda = 2\Delta h / \Delta k \tag{4-11}$$

可见只要测定 M_1 镜的位置改变量 Δh 和相应的级次变化量 Δk，就可以用式（4-11）计算出光波波长。

四、实验内容

1. 观察干涉现象

（1）使 He-Ne 激光束大致垂直于 M_2，调节 He-Ne 激光器，使反射回来的光束原路返回。为了便于观察光点位置，可以利用小纸片遮挡住 M_1。

（2）去掉遮挡 M_1 的小纸片，此时在观察屏上可看到两排亮点，每排中都有一个最亮点。调节 M_1 背面的两个螺钉，使两排中的两个最亮的光点大致重合，此时 M_1 和 M_2 大致垂直。

（3）将扩束镜放置在 He-Ne 激光器和 G_1 之间，调节扩束镜的高度，保证激光束能够垂直穿过扩束镜的光心，此时在观察屏上会出现图4-7所示的干涉条纹。

（4）如果观察屏上无法出现完整的干涉条纹（见图4-8），可以微调 M_1、M_2 或凸透镜的位置。

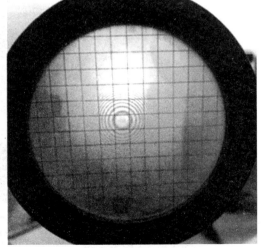

图4-7　迈克尔逊干涉仪的干涉条纹

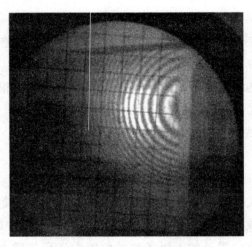

图 4-8   干涉条纹偏心情况

（5）轻轻转动微动手轮，使 M_1 前后平移，可看到条纹的"冒出"或"缩进"，观察条纹的变化情况。

2. 测量 He-Ne 激光的波长

（1）将迈克尔逊干涉仪调好后，向某一方向旋转微动手轮，使干涉条纹随微动手轮转动而变化（微动手轮只准向一个方向变化），固定某一位置，记下标尺刻度 W_1，看清中心明暗情况（即干涉极大或极小，最好使中心出现一个暗斑，便于观察。）。W_1 的数值由三部分组成，如图 4-9 所示，主尺的最小刻度单位为 mm，粗动手轮的最小刻度为 1/100 mm，微动手轮的最小刻度为 1/10 000 mm，因此 W_1 = 主尺读数 + 粗动手轮读数 $\times \dfrac{1}{100}$ + 微动手轮读数 $\times \dfrac{1}{10\ 000}$，单位为 mm，注意最后还要估读一位。

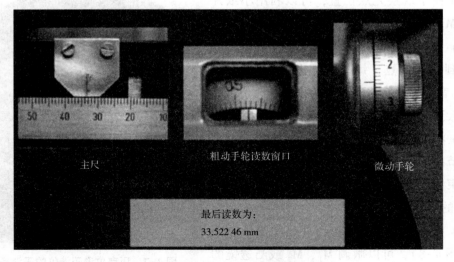

图 4-9   迈克尔逊干涉仪的读数方法

（2）沿同方向转动微动手轮，数出中心"冒出"或"缩进"的条纹的个数，使条纹变化 100 次，即 $\Delta k = 100$，同时记下此时标尺的刻度值 W_2，则 $\Delta h = |W_2 - W_1|$，代入式（4-11）既可求出波长。

（3）测量 5 次，将数据填入表 4-2 中，求出波长的平均值及相对误差。

五、数据记录及处理

按照表 4-2 中记录的数据计算波长。

表 4-2　迈克尔逊干涉仪的数据记录

次数	条纹变化数 Δk	W_1 /mm	W_2 /mm	Δh /mm	λ /mm	$\overline{\lambda}$/mm
1	100					
2	100					
3	100					
4	100					
5	100					

计算相对误差：$E_r = \dfrac{|\overline{\lambda} - \lambda_s|}{\lambda_s} \times 100\%$　（ λ 的标准值为：$\lambda_s = 6\ 328\ \text{Å} = 6.328 \times 10^{-7} \text{m}$ ）

六、注意事项

（1）测量过程中要匀速旋转微动手轮，不可太快，否则条纹变化很快，容易出现变化次数漏记现象，造成较大的测量误差。

（2）必须注意，微动手轮可带动推进旋钮，而推进旋钮却不能带动微动手轮。测量前可先将微动手轮旋至零，仔细转动推进旋钮，使其指示某一整数值；测量过程中只能用微动手轮推进 M_1，以免发生读数误差。

（3）绝对不能用手指触摸镜面的镀膜或用其他东西擦拭镜面，以免损坏分束板的镀膜。使用仪器时，切忌对着镜片呼气和大声讲话，以免呼出的水蒸气侵蚀镜面的镀膜。

（4）加在 He-He 激光器上的电压高达几千伏，实验时注意用电安全。

（5）不要用眼睛直接观看激光，以免灼伤。

七、思考题

1. 简述干涉条纹的特点。

2. 什么是非定域干涉？

3. 什么是空程？测量激光波长过程如何避免空程误差？

实验三　用光强分布测定仪验证马吕斯定律

一、实验目的

1. 观察偏振现象。
2. 学习使用光强分布测定仪。
3. 验证马吕斯定律。

二、实验仪器

半导体激光器（附带电源）、光强分布测定仪（扩束镜及平行光管，起偏、检偏装置，光电探头，WJF 型数字式检流计）。

三、实验原理

如图 4-10 所示，当两偏振片相对转动时，透射光强就随着两偏振片的透光轴的夹角而改变。如果偏振片是理想的，当它们的透光轴互相垂直时，透射光强应为零；当夹角 θ 为其他值时，透射光强 I_θ 为

$$I_\theta = I_0 \cos^2\theta \tag{4-12}$$

式中：I_0 是入射到偏振片 P_2 上的线偏振光的光强，式（4-12）称为马吕斯定律。

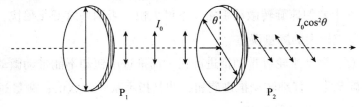

图 4-10　马吕斯定律

当 $P_1 /\!/ P_2$ 时，$\theta = 0°$，光强最大，将此时的光强设为 I_0，则有 $\dfrac{I_\theta}{I_0} = \cos^2 0° = 1$；

当 $\theta = 30°$ 时，$I_\theta = I_0 \cos^2 30°$，则有 $\dfrac{I_\theta}{I_0} = \cos^2 30° = \dfrac{3}{4} = 0.75$；

当 $\theta = 45°$ 时，$I_\theta = I_0 \cos^2 45°$，则有 $\dfrac{I_\theta}{I_0} = \cos^2 45° = \dfrac{1}{2} = 0.5$；

当 $\theta = 60°$ 时，$I_\theta = I_0 \cos^2 60°$，则有 $\dfrac{I_\theta}{I_0} = \cos^2 60° = \dfrac{1}{4} = 0.25$；

当 $\theta = 90°$ 时，$I_\theta = I_0 \cos^2 90°$，则有 $\dfrac{I_\theta}{I_0} = \cos^2 90° = 0$；

当 $\theta = 120°$ 时，$I_\theta = I_0 \cos^2 120°$，则有 $\dfrac{I_\theta}{I_0} = \cos^2 120° = \dfrac{1}{4} = 0.25$；

当 $\theta = 135°$ 时，$I_\theta = I_0 \cos^2 135°$，则有 $\dfrac{I_\theta}{I_0} = \cos^2 135° = \dfrac{1}{2} = 0.5$；

当 $\theta = 150°$ 时，$I_\theta = I_0 \cos^2 150°$，则有 $\dfrac{I_\theta}{I_0} = \cos^2 150° = \dfrac{3}{4} = 0.75$；

当 $\theta = 180°$ 时，$I_\theta = I_0 \cos^2 180°$，则有 $\dfrac{I_\theta}{I_0} = \cos^2 180° = 1$。

以上是理论值，但是实验值与理论值存在一定偏差，如 $\theta = 90°$ 时应该消光，但因为实际光强有可能为最大光强 I_0 的 15% 以上，故当出现此种情况时可以将公式修正为

$$I_\theta = (I_0 - I_\perp) \cos^2 \theta \tag{4-13}$$

式中：$I_\perp$ 为 90° 时的光强。

实际实验中由于制作技术有限，偏振片很难达到消光，故用式（4-13）更为合适，将实验值代入修正后的公式，再与理论值进行比较，看误差是否减小。

四、实验内容

（1）按图 4-11 搭好实验装置。

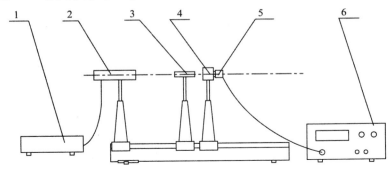

1—激光电源；2—半导体激光器；3—扩束镜及平行光管；
4—起偏、检偏装置；5—光电探头；6—WJF 型数字式检流计。

图 4-11 测量偏振光光强的实验装置

（2）打开激光电源，调好光路，使在平行光管后的小孔屏上可见一较均匀的圆光斑。

（3）打开 WJF 型数字式检流计，进行预热及调零。

（4）旋去光电探头前的遮光筒，把光电探头旋接在起偏、检偏装置上，然后连好测量线（将测量线连接 WJF 型数字式检流计输入孔与光电探头）。

（5）将起偏、检偏装置置于平行光管后并紧贴平行光管，使光斑完全入射到起偏、检偏装置。

（6）转动刻度手轮（连起偏装置），使角度分别为 0°、30°、45°、60°、90°、120°、135°、150°、180°，在 WJF 型数字式检流计上观察光强变化并记于表 4-3 中；将数据代入式（4-12），

以验证马吕斯定律。

五、数据记录及处理

表 4-3　验证马吕斯定律的数据记录

$\theta\,/\,(°)$	实验值 $I_\theta\,/\mathrm{mA}$	实验值 $\dfrac{I_\theta}{I_0}$	实验值 $\dfrac{I_\theta}{(I_0-I_\perp)}$	理论值 $\cos^2\theta$
0				
30				
45				
60				
90				
120				
135				
150				
180				

六、注意事项

（1）调整时要尽量使各光学组件中心等高。

（2）WJF 型数字式检流计要注意开机预热 15 min。

七、思考题

从表 4-3 的实验数据分析 $\dfrac{I_\theta}{I_0}$ 与 $\dfrac{I_\theta}{I_0-I_\perp}$ 哪个结果更接近理论值 $\cos^2\theta$，为什么？（写在实验报告上。）

［附］WJF 型数字式检流计的使用说明

WJF 型数字式检流计用于微电流的测量，其正面如图 4-12 所示。

WJF 型数字式检流计的测量范围为 $1\times10^{-10}\sim1.999\times10^{-4}\,\mathrm{A}$，分为 4 挡：

（1）第 1 挡，测量范围为 $1\times10^{-10}\sim1.999\times10^{-7}\mathrm{A}$　内阻 $<10\ \Omega$

（2）第 2 挡，测量范围为 $1\times10^{-9}\sim19.99\times10^{-6}\mathrm{A}$　内阻 $<1\ \Omega$

（3）第 3 挡，测量范围为 $1\times10^{-8}\sim1.999\times10^{-5}\mathrm{A}$　内阻 $<0.1\ \Omega$

（4）第 4 挡，测量范围为 $1\times10^{-7}\sim1.999\times10^{-4}\mathrm{A}$　内阻 $<0.01\ \Omega$。

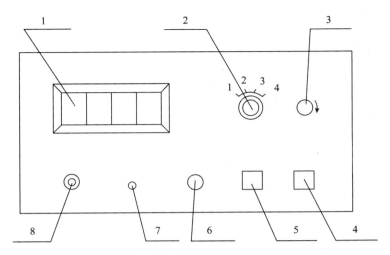

1—数字显示窗；2—量程选择；3—衰减旋钮；4—电源开关；

5—保持开关；6—调零旋钮；7—模拟输出孔；8—被测信号输入口。

图4-12　WJF型数字式检流计正面

使用时的步骤如下：

（1）接上电源，要求交流电压为（220±11）V，频率为50 Hz，开机预热15 min；

（2）量程选择开关置于"1"挡，衰减旋钮置于校准位置（即顺时针转到底，置于灵敏度最高位置），调节调零旋钮，使数据显示为"–.000"（负号闪烁）；

（3）选择适当量程，接上测量线（线芯接负端，屏蔽层接正端，如若接反，会显示"–"），即可测量微电流；

（4）如果被测信号大于该挡量程，仪器会有超量程指示，即数码管显示"]"或"E"，其他三位均显示"9"，此时可调高一挡量程（当信号大于最高量程，即2×10^{-4}A时，应换用其他仪表测量）；

（5）当数字显示小于190，小数点不在第一位时，一般应将量程减小一挡，以充分利用仪器的分辨率；

（6）衰减旋钮用于测量相对值，只有在旋钮置于校准位置（顺时针到底）时，数显窗才指示标准电流值；

（7）测量过程中，需要将某数值保留下来时，可开保持开关（指示灯亮），此时无论被测信号如何变化，前一数值保持不变。

实验四　薄透镜焦距的测定

一、实验目的

1. 掌握光路的分析及调整方法。

2. 了解透镜成像的基本规律及原理。

3. 掌握几种测定薄透镜焦距的实验方法，并比较它们的优缺点。

二、实验仪器

光具座、光源、凸透镜、凹透镜、平面镜、光屏（像屏和观察屏）。

三、实验原理

透镜是组成各种光学仪器的基本元件，而焦距则是透镜的一个重要参量。不同的使用场合往往需要选择不同的透镜或透镜组，这就需要测定透镜的焦距。因此，掌握薄透镜的成像规律，并确定其焦距是需要掌握的一项基本技能。

1. 薄透镜成像公式

透镜可分为凸透镜和凹透镜两类。凸透镜具有使光线汇聚的作用，也就是说当一束平行于透镜主光轴的光线通过凸透镜后，将汇聚于主光轴上。汇聚点 F 称为该透镜的焦点，透镜光心 O 到焦点 F 的距离称为焦距 f。

凹透镜具有使光线发散的作用，即当一束平行于透镜主光轴的光线通过凹透镜后将发散。发散光线的延长线与主光轴的交点 F 同样称为该透镜的焦点，透镜光心 O 到焦点 F 的距离称为其焦距 f。

薄透镜：透镜厚度远小于其焦距的透镜称为薄透镜。近轴光线条件下，薄透镜成像规律可表示为

$$\frac{1}{u} + \frac{1}{v} = \frac{1}{f}, f = \frac{uv}{u+v} \tag{4-14}$$

式中：u 表示物距；v 表示像距；f 为透镜焦距；u、v 和 f 均从透镜光心算起，并规定：物距 u，实物为正，虚物为负；像距 v，实像为正，虚像为负；而焦距 f，凸透镜 f 为正值，凹透镜 f 为负值。

式（4-14）是薄透镜成像公式，只要通过实验测得物距 u 和像距 v，即可通过上式得到透镜的焦距 f。

2. 凸透镜焦距的测量原理

（1）物距像距法（也称公式法）。物距像距法测焦距示意如图 4-13 所示。光源发出的光线经凸透镜折射后成实像于另一侧。测出物距 u 和像距 v 后，代入薄透镜成像公式 $f = \frac{uv}{u+v}$ 即可算出凸透镜的焦距 f（式中 u、v、f 均取正值）。

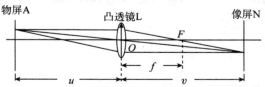

图 4-13　物距像距法测焦距示意

（2）自准直法。自准直法测焦距示意图如图4-14所示。在凸透镜 L 的一侧放置被光源照亮的物屏，在另一侧放置一与主光轴垂直的平面镜 M。移动凸透镜的位置即可以改变物距的大小，当物体 A 的物距等于凸透镜焦距时（即当物体 A 处在凸透镜的焦距平面时），物 A 上各点发出的光束，经凸透镜后成为不同方向的平行光束，在经平面镜反射回去，则反射光再经凸透镜后仍会聚焦于凸透镜的焦平面上，此关系就称为自准直原理。所成的像是一个与原物等大的倒立实像 A′。此时只要测出凸透镜到物屏的距离便可得到该凸透镜的焦距。自准直法的特点是：物、像在同一焦平面上。自准直法除了用于测量凸透镜焦距外，还是光学仪器调节中常用的重要方法。

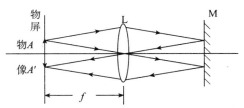

图4-14　自准直法测焦距示意

（3）共轭成像法（又称为二次成像法或贝塞尔物像交换法）。物距像距法、自准直法都会因为凸透镜中心位置不易确定而在测量中引入误差。而消除这一误差的方法之一就是利用共轭成像法。

共轭成像法测焦距示意图如图4-15所示。由凸透镜成像规律可知，如果物屏与像屏的相对位置 l 保持不变，且 $l > 4f$，则当凸透镜在物屏与像屏之间移动时，可实现两次成像，一个大像和一个小像，这就是物像共轭。在图4-15中，设物距为 u_1 时得放大的倒立实像；物距为 u_2 时得缩小的倒立实像，凸透镜两次成像之间的位移为 d，根据式（4-13）知，在 O_1 处有

$$\frac{1}{u_1} + \frac{1}{l - u_1} = \frac{1}{f} \tag{4-15}$$

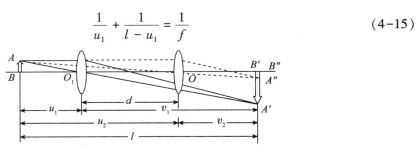

图4-15　共轭成像法测焦距示意

在 O 处有

$$\frac{1}{u_1 + d} + \frac{1}{v_1 - d} = \frac{1}{f} \tag{4-16}$$

考虑到 $u_1 + v_1 = l$，联立式（4-15）和式（4-16），可得

$$f = \frac{l^2 - d^2}{4l} \tag{4-17}$$

由式（4-17）可知，只要实验中测量出物屏与像屏的距离 l 和透镜两次成像移动的距离 d，就可算出凸透镜的焦距 f。

3. 凹透镜焦距的测量原理

凹透镜是发散透镜，所成像为虚像，不能用像屏接收。为了测量凹透镜的焦距，常辅助凸透镜与之组成透镜组，将凸透镜所成的倒立实像作为凹透镜的虚物，虚物的位置可以测出，而凹透镜对虚物成实像，实像的位置也可以测出，从而达到能用像屏接收的实像。其测焦距的示意如图4-16所示。

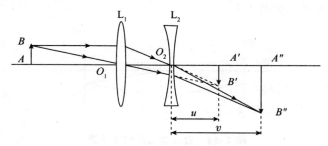

图4-16　凹透镜测量焦距的示意

实物 AB 经凸透镜 L_1 成实像 $A'B'$。在 L_1 和 $A'B'$ 之间插入待测凹透镜 L_2，就凹透镜 L_2 而言，实像 $A'B'$ 可视为虚物，虚物 $A'B'$ 经凹透镜 L_2 又成像于 $A''B''$（实像，可用像屏接收）。实验中，调整 L_2 及像屏至合适的位置，就可找到透镜组所成的实像 $A''B''$。因此可把 O_2A' 看为凹透镜的物距 u，O_2A'' 看为凹透镜的像距 v，则由式（4-13）可得

$$\frac{1}{-u} + \frac{1}{v} = \frac{1}{f} \qquad （虚物的物距为负）$$

则凹透镜焦距为

$$f = \frac{uv}{u-v} \qquad\qquad (4-18)$$

式中：u、v、f 均为正值。

四、实验内容

1. 调整光学元件至共轴等高

调整光学元件至共轴等高可分两步进行。

（1）粗调：先将透镜等元件向光源靠拢，调节高低、左右位置，凭目视使光源、物屏上的透光孔中心、透镜光心、像屏的中央大致在一条与光具座导轨平行的直线上，并使物屏、透镜、像屏的平面与导轨垂直。

（2）细调：利用自准直法调整，看到像后，细心调整透镜的高低、左右位置，使物像中心重合。

当有两个以上的透镜需要调整时，必须逐个进行上述调整，直至物像中心都重合

为止。

注意：已调至共轴等高状态的透镜，在后续的调整测量中绝不允许再次变动！

2. 测凸透镜的焦距

（1）用自准直法测量凸透镜焦距。开启光源，将物屏（光源）、待测凸透镜和平面镜置于光具座上，并使之共轴，然后反复移动凸透镜，令平面镜靠近凸透镜并调整其高低和左右位置，直至物屏上得到一个与原物等大倒立的、清晰的像，即实现自准直。记下此时物屏位置 x_1 和凸透镜位置 x_2，则物屏至待测凸透镜的距离 $s = |x_2 - x_1|$，即为凸透镜焦距 f。重复测量 5 次，取平均值，将测量数据填入表 4-4 中。

（2）用物距像距法测量凸透镜焦距。将光源（物屏）、待测凸透镜和像屏置于光具座上，调整高低、左右位置，使其共轴等高。根据自准直法测得的焦距 f，使光源和像屏间距离小于 $4f$，移动凸透镜位置，使像屏上出现清晰的实像。记下各光学元件位置读数，分别算出物距 u、像距 v，代入式（4-13）求 f 值，重复上述测量 5 次，取平均值，将测量数据填入表 4-5 中。

（3）用共轭成像法测量凸透镜焦距。开启光源，将待测凸透镜、物屏等光学元件置于光具座上，将各光学元件调至共轴等高。根据自准直法测得的焦距 f，使物屏（光源）与像屏放置在距离 $l > 4f$ 处，记下物屏（光源）位置 x_1，像屏位置 x_4，则物屏和像屏距离 $l = |x_4 - x_1|$。然后，保持物屏、像屏位置不动，使待测凸透镜在物屏与像屏间移动，分别测出成大像和小像时待测凸透镜在光具座上的位置 x_2 和 x_3，算出它们之间的距离 $d = |x_3 - x_2|$，代入式（4-17）求焦距 f 的值，重复上述测量 5 次，取平均值，将测量数据填入表 4-6 中。

3. 测凹透镜的焦距

开启光源，先将物屏（光源）、凸透镜和像屏等光学元件置于光具座上，调整各光学元件至共轴等高。首先使物屏和凸透镜距离大于 2 倍凸透镜焦距。移动像屏，使一个清晰缩小的像出现在像屏上。记下屏的位置 A'（用 x_2 表示），然后在凸透镜和像屏之间加入待测凹透镜，记下其位置 O_2（用 x_1 表示），移动像屏直至屏上出现清晰的像，调整凹透镜的上下、左右位置，使像中心与第一次凸透镜成像的中心相同；然后仔细慢慢移动像屏直至成像最清晰，记下此时像屏位置 A''（用 x_3 表示），由此得 $u = O_2A' = |x_2 - x_1|$，$v = O_2A'' = |x_3 - x_1|$，保持凸透镜位置不变，重复测量 5 次，由式（4-18）计算凹透镜焦距 f 并求平均值，将测量数据填入表 4-7 中。

注意：实验过程中保持凸透镜位置不变！

五、数据记录及处理

1. 测定凸透镜焦距

表4-4　自准直法测凸透镜焦距的数据记录

次数	物屏位置 x_1/cm	待测凸透镜位置 x_2/cm	f/cm	$\bar{f}$/cm
1				
2				
3				
4				
5				

表4-5　物距像距法测凸透镜焦距的数据记录

实验次数	1	2	3	4	5
物屏位置 x_1/cm					
待测凸透镜位置 x_2/cm					
像屏位置 x_3/cm					
物距 u/cm					
像距 v/cm					
焦距 f/cm					
平均值 $\bar{f}$/cm					

注：物距 $u=|x_2-x_1|$，像距 $v=|x_3-x_2|$。

表4-6　共轭成像法测凸透镜焦距的数据记录

实验次数	1	2	3	4	5
成大像透镜位置 x_2/cm					
成小像透镜位置 x_3/cm					
d/cm					
焦距 f/cm					
平均值 $\bar{f}$/cm					

使用共轭成像法测凸透镜焦距时，物屏位置 $x_1 =$ _____；像屏位置 $x_4 =$ _____；物像间距 $l = |x_4 - x_1| =$ _____。

2. 测定凹透镜焦距

表 4-7　测凹透镜焦距的数据记录

实验次数	1	2	3	4	5
凹透镜位置 x_1 /cm					
像屏位置 x_3 /cm					
u /cm					
v /cm					
焦距 f /cm					
平均值 $\bar{f}$ /cm					

凸透镜的位置_____，物经凸透镜后所成像的位置 x_2 = _____。

六、注意事项

（1）已调至同轴等高状态的透镜，在后续的调整测量中绝不允许再次变动。

（2）在做测量凹透镜焦距实验时，实验过程中要保持凸透镜位置不变。

七、思考题

1. 用自准直法测凸透镜的焦距时，平面镜 M 起什么作用？M 离凸透镜远近不同，对成像有无影响？

2. 为何在测凹透镜焦距时，先使凸透镜成一缩小的实像？当放上凹透镜后，这个像位于凹透镜的焦点之外还是之内？为什么？

第五章
热学实验

实验一　冰的溶解热的测定

一、实验目的

1. 用混合量热法测定冰的溶解热。
2. 应用物态变化时的热交换定律来计算冰的溶解热。
3. 了解一种粗略修正散热的方法。

二、实验仪器

DM－T 型数字温度计、LH－1 型量热器、物理天平、保温瓶、量筒、玻璃皿、秒表、冰、干抹布等。

三、实验原理

一定压强下晶体开始溶解时的温度，称为该晶体在此压强下的熔点。单位质量的某种晶体溶解成为同温度的液体时所吸收的热量，叫作该晶体的溶解热。

本实验用混合量热法测定冰的溶解热，它的基本做法是：把待测的系统 A 和一个已知其热容的系统 B 混合起来，并设法使它们形成一个与外界没有热量交换的孤立系统 C ，（ $C = A + B$ ）。这样 A （或 B ）所放出的热量，全部为 B （或 A ）所吸收。因为已知热容的系统在实验过程中所传递的热量 Q ，是可以由其温度的改变 ΔT 和热容 C_S 计算出来的，即 $Q = C_S \Delta T$ ，因此，待测系统在实验过程中所传递的热量也就知道了。由此可见，保持系统为孤立系统，是混合量热法所要求的基本实验条件。本实验采用的量热器满足这个实验条件。

实验时，量热器中放有热水，然后向其中放入冰，冰将熔化，最后混合系统达到热平衡。在此过程中，原实验系统放热，设放出的总热量为 $Q_{放}$ ，冰吸热熔化成水，继续吸热

使系统达到热平衡温度，设吸收的总热量为 $Q_{吸}$，因为是孤立系统，则有

$$Q_{放} = Q_{吸} \tag{5-1}$$

可以利用这一关系求出冰的溶解热。

设混合前实验系统的温度为 T_1，热水质量为 m_1，其比热容为 c_1；内筒的质量为 m_2，其比热容为 c_2；搅拌器的质量为 m_3，其比热容为 c_3；金属内套的质量为 m_4，其比热容为 c_4。冰的质量为 M，（在实验条件下冰的熔点均为 0 ℃，用 T_0 表示）。设混合后系统达到热平衡的温度为 T_2。数字温度计浸入水中的部分放出的热量可忽略不计。冰的溶解热用 L 表示，根据式（5-1）有

$$ML + Mc_1(T_2 - T_0) = (m_1c_1 + m_2c_2 + m_3c_3 + m_4c_4)(T_1 - T_2)$$

因 $T_0 = 0$ ℃，所以冰的溶解热为

$$L = \frac{1}{M}(m_1c_1 + m_2c_2 + m_3c_3 + m_4c_4)(T_1 - T_2) - T_2c_1 \tag{5-2}$$

式中：各质量均可测出；c_1、c_2、c_3、c_4 由实验室查出；实验测得 T_2 和 T_1。

虽然本实验要求实验体系是一个孤立的系统，但实际条件无法满足完全绝热。为了尽可能减少系统与外界交换热量，除了使用量热器以外，在实验的操作过程中也需要尽量避免额外的热量传输。例如，不应直接用手把握量热器的任何部分；不应在阳光的直接照射下或空气流动太快的地方进行实验；冬天要避免接近火炉或暖气做实验等。

除此以外，可选实验系统的初温和终温在室温的两侧，使一部分热交换抵消。尽可能使系统与外界温差小，并尽量使实验过程进行得很迅速。另外，还可以采用一种根据牛顿冷却定律的粗略方法来修正散热，减少误差。从实验实际情形分析，刚投入冰时，水温高，冰的有效面积大，熔化快，系统温度下降快，后来，冰块逐渐减小，水温逐渐降低，熔化变慢，水温下降也减慢。熔化全过程中，内筒内水温随时间变化的曲线如图 5-1 所示。图中 θ 表示实验室环境温度。

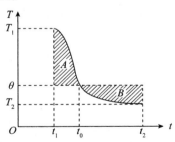

图 5-1　内筒内水温随时间变化的曲线

系统温度从 T_1 变为 θ 的这段时间（从 $t_1 \sim t_0$）里，系统与外界交换的热量 q_1 为

$$q_1 = k\int_{t_1}^{t_0}(T(t) - \theta)\mathrm{d}t$$

式中：k 为散热常数，由于 $T(t) > \theta$，所以 $q_1 > 0$，表示放热。

同样系统温度从 θ 变为 T_2 的这段时间（从 $t_0 \sim t_2$），系统与外界交换的热量 q_2 为

$$q_2 = k \int_{t_0}^{t_2} (T(t) - \theta) \mathrm{d}(t))$$

上式中，由于 $T(t) < \theta$，所以 $q_2 < 0$，表示吸热。

从图 5-1 看出，q_1 和 q_2 量值的大小与面积 $S_1 = \int_{t_1}^{t_0} (T(t) - \theta) \mathrm{d}t$ 及 $S_2 = -\int_{t_0}^{t_2} (T(t) - \theta) \mathrm{d}t$ 成正比。因此，如果选择合适的 T_1 和 T_2 使 q_1 等于 q_2，则系统散热和吸热前后抵消。一般情况下常选择 $T_1 - \theta = 2(\theta - T_2)$。

本实验的实验装置如图 5-2 所示。为了使实验系统（待测系统与已知其热容的系统二者合在一起）成为一个孤立的系统，采用量热器作为实验仪器。本实验采用的量热器为带有绝热层的量热器，它由金属内套、外筒（钢）、内筒（钢）、搅拌器（铜）、数字温度计和绝热层等组成。它与外界环境热量交换很小，这样的量热器可以使实验系统近似于一个孤立的系统。

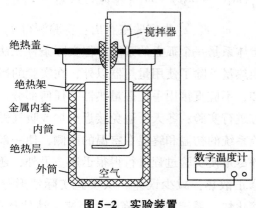

图 5-2　实验装置

四、实验内容

（1）将内筒、搅拌器擦干净，用天平称出它们的质量。金属内套的质量记在其上。

（2）内筒中装入适量的热水（比室温高约 $10℃$），用天平称得内筒和热水的质量（$m_1 + m_2$），求得热水的质量 m_1。分别查出水、内筒和搅拌器的比热容 c_1、c_2、c_3，记入表格中。

（3）将内筒放入量热器中，盖好绝热盖，插好搅拌器和温度计，开始计时，观察并记录热水的温度随时间变化（比如每隔 20 s 记一次数据），记录 6~8 个点。

（4）从保温瓶中取一些预先准备好的与水混合的碎冰块（$0℃$），冰块的用量要适当，应使系统平衡时的温度比室温低 $5 \sim 7℃$。用干抹布把冰上的水珠擦去，然后小心地把冰放入量热器中，不要使水溅出。盖好量热器的绝热盖，记录放入的时间 t_0。

（5）用搅拌器轻轻上下搅动量热器中的水，待水里的冰块完全溶解并基本达到热平衡后，记录温度随时间的变化，记录 6~8 个点。

（6）将内筒拿出，用天平称出内筒和水的质量（$m_1 + m_2 + M$），然后计算出冰的质量 M。

（7）用式（5-2）计算出冰的溶解热。

（8）用直角坐标纸绘制系统温度随时间变化的 $T-t$ 曲线。考查面积 $S_{散}$ 和 $S_{吸}$，检查散热与吸热是否基本抵消。

（9）实验完后，将内筒内的水倒掉，用干抹布擦干。

五、数据记录及处理

（1）画出数据表格进行数据记录。

（2）作出 $T-t$ 曲线，求出 T_1 和 T_2。

（3）根据式（5-2）计算冰的溶解热 L。

（4）将测得值与冰的溶解热的标准值进行比较，计算出相对误差，并分析产生误差的原因。

六、注意事项

加冰块和搅拌时均要避免将水溅出，取温度计时，也要避免带出水滴。

七、思考题

将冰块投入量热器时，若冰块外面附有水珠将对实验结果有何影响（定性说明即可）？

实验二　液体汽化热的测定

一、实验目的

1. 学会集成线性温度传感器的定标方法，熟悉其精确测温的实验过程。

2. 精确测定水在沸腾时的汽化热。

二、实验仪器

FD-YBQR 型液体汽化热测量仪、冰、电子天平、温控和测量仪表。

三、实验原理

物质由液态向气态转化的过程称为汽化，液体的汽化有蒸发和沸腾两种不同的形式。不管是哪种汽化过程，它的物理过程都是液体中一些热运动动能较大的分子飞离表面成为气体分子，而随着这些热运动较大分子的逸出，液体的温度将要下降，若要保持温度不变，在汽化过程中就要供给热量。通常定义单位质量的液体在温度保持不变的情况下转化为气体时所吸收的热量为该液体的汽化热。液体的汽化热不但和液体的种类有关，而且和汽化时的温度有关，因为温度升高，液相中分子和气相中分子的能量差别将逐渐减小，因而温度升高，液体的汽化热减小。

物质由气态转化为液态的过程称为凝结，凝结时将释放出在同一条件下汽化所吸收的相同的热量，因而，可以通过测量凝结时放出的热量来得出液体汽化时汽化热。

本实验采用混合量热法测定水的汽化热。具体方法是将烧瓶中接近100℃的水蒸气，通过短的玻璃管加接一段很短的橡皮管（或乳胶管）插入到量热器内筒中。如果水和量热器内筒的初始温度为 θ_1，而质量为 M 的水蒸气进入量热器的水中被凝结成水，当水和量热器内筒温度均一时，其温度值为 θ_2，那么水的汽化热可由下式得到，即

$$ML + Mc_W(\theta_3 - \theta_2) = (mc_W + m_1c_{Al} + m_2c_{Al}) \cdot (\theta_2 - \theta_1) \qquad (5\text{-}3)$$

式中：c_W 为水的比热容；m 为原先在量热器中水的质量；c_{Al} 为铝的比热容；m_1 和 m_2 分别为量热器（铝）和搅拌器（铝）的质量；θ_3 为水蒸气的温度；L 为水的汽化热。

集成电路温度传感器是由多个参数相同的三极管和电阻组成。当该器件的两引出端加有某一定直流工作电压时（一般工作电压可在 4.5~20 V 范围内），如果该温度传感器的温度升高或降低1℃，那么其输出电流会增加或减少1 μA，它的输出电流的变化与温度变化满足如下关系，即

$$I = B\theta + A \qquad (5\text{-}4)$$

式中：I 为集成电路温度传感器的输出电流；θ 为温度，单位为℃；B 为斜率，单位为 μA/℃；A 为零摄氏度时的电流值。利用集成电路温度传感器的上述特性，可以制成各种用途的温度计。

四、实验内容

1. 集成电路温度传感器的定标

每个集成电路温度传感器（以下简称温度传感器）的灵敏度都有所不同，在实验前，应将其定标。按图5-3连接电路。实际在提供的测量仪器中已经接好电阻为（1 000 ± 10)Ω，加在温度传感器上的电源电压为 6 V。只要把温度传感器的红黑接线分别插入面板中的输入孔即可进行定标或测量。

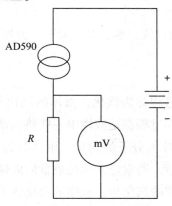

图5-3　温度传感器的工作原理

具体步骤如下。

（1）在量热器内装入一定质量的水，插入温度计，同时与温度传感器连接好。充分搅拌水至温度均匀，此时用温度计准确测量水温，记下一个 θ 值，同时记录温度传感器的电压示数，并推算出温度传感器的电流值。由于电阻为（ $1\,000 \pm 10$）Ω，故以 mV 为单位的电压值与以 μA 为单位的电流值在数值上相等。

（2）在量热器的水中加入适量热水或冷水，使水温升高或降低，搅拌至温度均匀，重复步骤（1）再测得一组 θ 值和电压值，推知相应电流值。至少测 5 组数据，并记入表 5-1 中。

（3）在直角坐标纸上绘出电流-温度曲线，即 $I - \theta$ 曲线，并得出斜率 B 和截距 A（或者把实验数据用最小二乘法进行直线拟合，求得斜率 B，截距 A）。

2. 水的汽化热实验

（1）用物理天平或电子天平测出量热器和搅拌器的质量 m_1、m_2，然后在量热器内筒中加一定量的水，再测出盛有水的量热器和搅拌器的质量 M_0，减去 $m_1 + m_2$ 得到水的质量 m，将数据记入表 5-2 中。

（2）将盛有水的量热器内筒放在冰块上，预冷却到室温以下较低的温度。但被冷却水的温度须高于环境的露点，如果低于露点，则实验过程中量热器内筒外表面有可能凝结上薄水层，从而释放出热量，影响测量结果。将预冷却过的内筒放回量热器内，再放在橡皮管下，使橡皮管插入水中约 1 mm 深，注意气管不宜插入太深以防止橡皮被堵塞（实验装置如图 5-4 所示）。

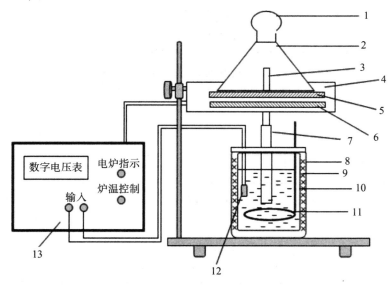

1—烧瓶盖；2—烧瓶；3—通气玻璃管；4—托盘；5—电炉；6—绝热板；7—橡皮管；
8—量热器外壳；9—绝热材料；10—量热器内筒；11—搅拌器（铝）；12—AD590；13—温控和测量仪表。

图 5-4　实验装置

（3）将盛有水的烧瓶加热，开始加热时可以将温控和测量仪表顺时针调到底，此时移去瓶盖，使低于 100 ℃ 的水蒸气从瓶口逸出。当烧瓶内水沸腾时可以由温控和测量仪表调节，保证水蒸气输入量热器的速率符合实验要求。这时要首先读下温控和测量仪表的数值 θ_1。接着，把瓶盖盖好继续让水沸腾，向量热器的水中通水蒸气并搅拌量热器内的水，通气时间长短，以尽可能使量热器中水的末温度 θ_2 与室温的温差同室温与初始温度 θ_1 的差值相近为准，这样可使实验过程中量热器内筒与外界热交换相抵消。

（4）停止电炉通电，并打开瓶盖不再向量热器通气，继续搅拌量热器内筒的水，读出水和内筒的末温度 θ_2；再一次测量出量热器内筒水的总质量 $M_{总}$。经过计算，求得量热器中水蒸气的质量 $M = M_{总} - M_0$（M_0 为未通气前，量热器内筒、搅拌器和水的总质量）。

（5）将所得到的测量结果代入式（5-3），即可求得水在 100 ℃ 时的汽化热，将计算结果填入表 5-3 中，并利用修正方法计算 L'。

五、数据记录及处理

实验参数：$c_W = 4.187 \times 10^3$ J/（kg·℃）；$c_{Al} = 9.002 \times 10^2$ J/（kg·℃）

表 5-1　集成电路温度传感器定标的测量数据记录及处理

$\theta/℃$	13.90	19.25	24.90	29.80	32.50
U /mV					
I /μA					
$B =$ _____			$A =$ _____		

注：θ 为示例温度取值，实验中可变动。

表 5-2　水汽化热的测量数据记录及处理

次数	m/g	U_1/mV	θ_1 /℃	U_2/mV	θ_2 /℃	$M_{总}$/g	M/g
1							
2							
3							

注：表中 θ_1 和 θ_2 为室温 17℃ 左右时的示例温度取值，实验中应根据环境温度变动，以提高实验精度。

水汽化热的测量实验中 $m_1 + m_2 =$ _____ g，$\theta_3 = 100.00$ ℃。

表 5-3　计算结果和误差分析

编号	$L/$（J·kg^{-1}）	相对误差 E_r	$L'/$（J·kg^{-1}）	相对误差 E_r'
1				
2				
3				

注：水在 100 ℃时的汽化热公认值 L_s 等于 2.25×10^3 J/kg，$E_r=\dfrac{|L-L_s|}{L_s}\times100\%$，$E_r'=\dfrac{|L'-L_s|}{L_s}\times100\%$。

表 5-3 中：L 表示水的汽化热；L' 表示经过温度传感器吸收热量修正的水的汽化热。

修正方法是测量温度传感器的热容，即将已知温度 θ_3 的温度传感器入水部分，放入温度为 θ_1 的量热器内筒中利用热平衡原理测量温度传感器的热容。考虑到温度传感器的热容，式（5-3）可以写成

$$ML' + Mc_W(\theta_3 - \theta_2) = (mc_W + m_1c_{Al} + m_2c_{Al} + m_3c_3)(\theta_2 - \theta_1) \qquad (5\text{-}5)$$

式中：m_3c_3 是温度传感器的热容。

通过测量可以得到本实验装置的 $m_3c_3 = 1.796\times10^3$ J/℃。

六、注意事项

（1）尽量使水的初始温度低于室温，末温度高于室温，并且两者与室温之差基本相等，以抵消量热器与外界的热交换，从而提高实验的精确度。

（2）水蒸气发生器中的水应保持在容器的 2/3 左右。

（3）实验完成后应及时关闭电源，以防电阻丝长时间加热造成火灾。

七、思考题

1. 本实验的主要误差来源是什么？实验中如何减少？

2. 重复做此实验时应注意什么？

实验三　液体比热容的测定

一、实验目的

用电热法测定液体的比热容。

二、实验仪器

YJ-RZ-4C 型数字智能化热学综合实验仪、量热器、电子天平、量杯、连接线。

三、实验原理

YJ-RZ-4C 型数字智能化热学综合实验仪的结构如图 5-6 所示。在量热器中加入质量为 m_1、比热容为 c_1 的待测液体（如水）。当加在电阻丝两端的电压为 U、通过电阻的电流为 I、通电时间为 t 时，量热器中电阻产生的热量为

$$Q_1 = UIt \qquad (5\text{-}13)$$

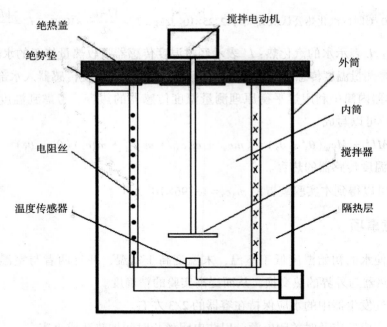

图5-6　YJ-RZ-4C型数字智能化热学综合实验仪的结构

如果在吸收了这些热量后，量热器系统（包括水、量热器、搅拌器、温度传感器等物质）的温度从 T_1 升高至 T_2，则系统所吸收的热量 Q_2 为

$$Q_2 = (m_水 c_水 + m_内 c_内 + m_x c_x)(T_2 - T_1) \tag{5-14}$$

式中：$m_水 c_水$ 为水的热容；$m_内 c_内$ 为量热器内筒的热容；$m_x c_x$ 为搅拌器、电阻丝、温度传感器等的热容。

如果搅拌器和温度传感器等的质量用水当量 ω 表示，有 $m_x c_x = \omega c_水$，式中 ω 是用水的热容表示的物质的热容后"相当"的质量，称为水当量。本量热器的水当量 $\omega = 6.68$ g。则式（5-14）变为

$$Q_2 = (m_水 c_水 + m_内 c_内 + \omega c_水)(T_2 - T_1) \tag{5-15}$$

如果过程中没有热量散失，则 $Q_1 = Q_2$，即

$$UIt = (m_水 c_水 + m_内 c_内 + \omega c_水)(T_2 - T_1) \tag{5-16}$$

$$c_水 = [UIt/(T_2 - T_1) - m_内 c_内]/(m_水 + \omega) \tag{5-17}$$

四、实验内容

（1）用天平称出量热器内筒质量 $m_内$。在量热器内筒中加入 150 g 左右的水，用天平称出水的准确质量 $m_水$。

（2）将搅拌电动机电缆插头与电缆插座Ⅰ相连，温度传感器电缆插头与电缆插座Ⅱ相连，加热电阻电缆插头与电缆插座Ⅲ相连，安装好实验装置。打开电源开关，打开搅拌开关，搅拌 1 min 后，记下初始温度 T_1。

（3）打开加热开关，同时按下计时器"启动"开关，记录电流、电压值（注意：在

通电过程中要不断搅拌），通电 5 min 后，即刻关闭加热开关（注意：断电后仍要继续搅拌），待温度不再升高时记下它们的末温度 T_2。

注意：必须连接好所有的线路以后才能开、关电源。

（4）根据式（5-17）求出水的比热容。其中，$c_内 = 0.904$ J/（g·℃），本实验仪的水当量 $\omega = 6.68$ g。

五、实验数据记录及处理

按表 5-4 记录数据，并按式（5-17）求出水的比热容，与公认值 $c_水 = 4.173$ J/（g·℃）相比较求出相对误差。

表 5-4　水比热容的测量数据及处理

$m_水$/g	$m_内$/g	T_1/℃	T_2/℃	U/V	I/A	t/s	$c_水$/（J·g^{-1}·℃$^{-1}$）
水的比热容平均值：				相对误差：			

六、注意事项

（1）供电电源插座必须良好接地。
（2）在整个电路连接好之后才能打开电源开关。
（3）严禁带电插拔电缆插头。
（4）仪器加热温度不应超过 50 ℃。
（5）勿将加热器裸露在空气中加热。

七、思考题

1. 如果实验过程中加热电流发生了微小波动，是否会影响测量的结果？为什么？
2. 实验过程中量热器不断向外界传导和辐射热量。这两种形式的热量损失是否会引起系统误差？为什么？

附　录

附表A　国际单位制（SI）

	物理量名称	单位名称	单位符号	
			中文	国际
基本单位	长度	米	米	m
	质量	千克（公斤）	千克（公斤）	kg
	时间	秒	秒	s
	电流	安培	安	A
	热力学温度	开尔文	开	K
	物质的量	摩尔	摩	mol
	光强度	坎德拉	坎	cd
辅助单位	平面角	弧度	弧度	rad
	立体角	球面度	球面度	sr
导出单位	面积	平方米	米^2	m^2
	速度	米每秒	米/秒	m/s
	加速度	米每二次方秒	米/秒^2	m/s^2
	密度	千克每立方米	千克/米^3	kg/m^3
	频率	赫兹	赫	Hz
	力	牛顿	牛	N
	压力、压强、应力	帕斯卡	帕	Pa
	功、能量、热量	焦耳	焦	J
	功率、辐射通量	瓦特	瓦	W
	电量、电荷	库仑	库	C
	电位、电压、电动势	伏特	伏	V
	电容	法拉	法	F
	电阻	欧姆	欧	Ω
	磁通量	韦伯	韦	Wb
	磁感应强度	特斯拉	特	T
	电感	亨利	亨	H
	光通量	流明	流	lm
	光照度	勒克斯	勒	lx
	黏度	帕斯卡秒	帕·秒	Pa·s
	表面张力	牛顿每米	牛/米	N/m
	比热容	焦耳每千克开尔文	焦/（千克·开）	J/（kg·K）
	热导率	瓦特每米开尔文	瓦/（米·开）	W/（m·K）
	电容率（介电常数）	法拉每米	法/米	F/m
	磁导率	亨利每米	亨/米	H/m

附表 B　基本物理常量及其参数

基本物理常量	参数
真空中的光速	$c = 2.997\ 924\ 58 \times 10^8$ m/s
电子的电荷	$e = 1.602\ 189\ 2 \times 10^{-19}$ C
普朗克常量	$h = 1.626\ 176 \times 10^{-34}$ J $\cdot$ s
阿伏伽德罗常量	$N_0 = 6.022\ 045 \times 10^{23}$ mol^{-1}
原子质量单位	$u = 1.660\ 565\ 5 \times 10^{-27}$ kg
电子的静止质量	$m_c = 9.109\ 634 \times 10^{-31}$ kg
电子的荷质比	$e/m_e = 1.758\ 804\ 7 \times 10^{11}$ C/kg
法拉第常量	$F = 9.648\ 56 \times 10^4$ C/mol
氢原子里德伯常量	$R_H = 1.096\ 776 \times 10^7$ m^{-1}
摩尔气体常量	$R = 8.314\ 41$ J/（mol $\cdot$ K）
玻尔兹曼常量	$k = 1.380\ 622 \times 10^{-23}$ J/K
洛施密特常量	$n = 2.687\ 19 \times 10^{25}$ m^{-3}
万有引力常量	$G = 6.672\ 0 \times 10^{-11}$ N $\cdot$ m^2/kg^2
标准大气压	$P_0 = 101\ 325$ Pa
水的冰点热力学温度	$T_0 = 273.15$ K
标准状态下声音在空气中的速度	$v = 331.46$ m/s
干燥空气的密度（标准状态下）	$\rho_{空气} = 1.293$ kg/m^3
水银的密度（标准状态下）	$\rho_{水银} = 13\ 595.04$ kg/m^3
理想气体的摩尔体积（标准状态下）	$V_m = 22.413\ 83 \times 10^{-3}$ m^3/mol
真空中的介电常量（电容率）	$\varepsilon_0 = 8.854\ 188 \times 10^{-12}$ F/m
真空中的磁导率	$\mu_0 = 12.566\ 371 \times 10^{-7}$ H/m
钠光谱中黄光的波长	$D = 589.3 \times 10^{-9}$ m
镉光谱中红光的波长（15℃，10 1325 Pa）	$\lambda_{cd} = 643.849\ 6 \times 10^{-9}$ m

附表 C   部分电介质的相对介电常量

电介质	相对介电常量 ε_1	电介质	相对介电常量 ε_1
真空	1	乙醇（无水）	25.7
空气（1个大气压）	1.000 5	石蜡	2.0～2.3
氢（1个大气压）	1.000 27	硫磺	4.2
氧（1个大气压）	1.000 53	云母	6～8
氮（1个大气压）	1.000 53	硬橡胶	4.3
二氧化碳（1个大气压）	1.000 98	绝缘陶瓷	560～6.5
氦（1个大气压）	1.000 70	玻璃	4～11
纯水	81.5	聚氯乙烯	3.1～3.5

附表 D   常温下某些物质相对于空气的折射率

物质	光波长		
	H_α 光 （656.3 nm）	D 光 （589.3 nm）	H_β 光 （486.1 mm）
水（18 ℃）	1.331 4	1.333 2	1.337 3
乙醇（18 ℃）	1.360 9	1.362 5	1.366 5
二硫化碳（18 ℃）	1.619 9	1.629 1	1.654 1
冕玻璃（轻）	1.512 7	1.525 3	1.521 4
燧石玻璃（轻）	1.603 8	1.608 5	1.620 0
燧石玻璃（重）	1.743 4	1.751 5	1.772 3
方解石（非常光）	1.484 6	1.486 4	1.490 8
方解石（寻常光）	1.654 5	1.658 5	1.667 9
水晶（非常光）	1.550 9	1.553 5	1.558 9
水晶（寻常光）	1.541 8	1.544 2	1.549 6

附表 E   常用光源的谱线波长表　　　　　　　（单位：nm）

H 光	He 光	Ne 光	Na 光	He-Ne 激光	Hg 光
656.28 红	706.52 红	650.65 红	589.593（D_1）黄	632.8 红	623.44 橙
486.13 绿蓝	667.82 红	640.23 红	588.995（D_2）黄		579.07 黄
434.05 蓝	587.56（D_3）黄	638.30 红			576.96 黄
410.17 蓝紫	501.51 绿	626.65 橙			546.07 绿
397.01 蓝紫	492.19 绿蓝	621.73 橙			491.60 绿蓝
	471.31 蓝	614.31 橙			435.83 蓝
	447.15 蓝	588.19 黄			407.78 蓝紫
	402.62 蓝紫	585.25 黄			404.66 蓝
	388.87 蓝紫				

参 考 文 献

[1] 张书敏，许景周，李冀. 普通物理实验 [M]. 北京：科学出版社，2015.

[2] 钟鼎. 大学物理实验 [M]. 2 版. 天津：天津大学出版社，2011.

[3] 曹惠贤. 普通物理实验 [M]. 北京：北京师范大学出版社，2007.

[4] 王荣爱，和仲池. 大学物理实验 [M]. 北京：中国科学技术出版社，2002.

[5] 吴平. 大学物理实验教程 [M]. 北京：机械工业出版社，2005.

[6] 邓玲娜，潘小青. 大学物理实验 [M]. 北京：机械工业出版社，2012.

[7] 梁为民，李建新，熊维德. 大学物理实验 [M]. 北京：航空工业出版社，2001.

[8] 李传国. 大学物理实验 [M]. 北京：科学出版社，2016.

[9] 张勇，顾大伟. 大学物理实验指导与报告 [M]. 北京：科学出版社，2018.

[10] 郭松青，李文清. 普通物理实验教程 [M]. 北京：高等教育出版社，2015.

[11] 方路线. 大学物理实验教程 [M]. 上海：同济大学出版社，2016.

[12] 时崇山，江瑞琴. 普通物理实验 [M]. 北京：科学出版社，2002.

[13] 王小平，王丽军. 大学物理实验 [M]. 2 版. 北京：机械工业出版社，2015.

[14] 肖苏. 基础物理实验 [M]. 合肥：中国科学技术大学出版社，2009.

[15] 何光宏，汪涛，韩忠. 大学物理实验 [M]. 北京：科学出版社，2017.